丛书主编：

青钱柳

Cyclocarya paliurus (Batal.) Iljinsk.

洑香香　尚旭岚　方升佐　编著

中国林业出版社

资金资助：江苏省重点研发计划（现代农业）重点项目——多功能树种青钱柳新品种选育及定向培育技术体系构建（BE2019388）

图书在版编目(CIP)数据

青钱柳 / 洑香香, 尚旭岚, 方升佐编著. -- 北京 : 中国林业出版社, 2021.12
(苗谱系列丛书)
ISBN 978-7-5219-1509-9

Ⅰ. ①青… Ⅱ. ①洑… ②尚… ③方… Ⅲ. ①胡桃科—育苗 Ⅳ. ①S792.13

中国版本图书馆CIP数据核字(2022)第007576号
审图号：GS（2022）204号

中国林业出版社·自然保护分社（国家公园分社）
策划编辑：刘家玲
责任编辑：宋博洋 刘家玲

出版 中国林业出版社（100009 北京市西城区德内大街刘海胡同 7 号）
http://www.forestry.gov.cn/lycb.html 电话：（010）83143519 83143625
发行 中国林业出版社
印刷 河北京平诚乾印刷有限公司
版次 2021 年 12 月第 1 版
印次 2021 年 12 月第 1 次印刷
开本 889mm × 1194mm 1/32
印张 2.5
字数 75 千字
定价 25.00 元

《苗谱丛书》顾问

沈国舫 院士（北京林业大学）

尹伟伦 院士（北京林业大学）

《苗谱丛书》工作委员会

主　任： 杨连清（国家林业和草原局林场种苗司）

委　员： 刘　勇（北京林业大学）

赵　兵（国家林业和草原局林场种苗司）

丁明明（国家林业和草原局林场种苗司）

刘家玲（中国林业出版社）

李国雷（北京林业大学）

《苗谱丛书》编写编委会

主　编：刘　勇（北京林业大学）

副主编：李国雷（北京林业大学）　郑郁善（福建农林大学）

沈海龙（东北林业大学）　洑香香（南京林业大学）

韦小丽（贵州大学）　王乃江（西北农林科技大学）

委　员（以姓氏笔画为序）：

马和平（西藏农牧学院）　王晓丽（西南林业大学）

石进朝（北京农业职业学院）　邢世岩（山东农业大学）

朱玉伟（新疆林业科学院）　刘西军（安徽农业大学）

刘春和（北京市黄垡苗圃）　刘家玲（中国林业出版社）

李庆梅（中国林业科学研究院）李铁华（中南林业科技大学）

江　萍（石河子大学）　邸　葆（河北农业大学）

应叶青（浙江农林大学）　张　鹏（东北林业大学）

陆秀君（沈阳农业大学）

郑智礼（山西省林业和草原科学研究院）

赵和文（北京农学院）　郝龙飞（内蒙古农业大学）

姜英淑（北京市林木种苗站）　贺国鑫（北京市大东流苗圃）

钱　滕（安徽林业职业技术学院）

袁启华（北京市西山试验林场）梅　莉（华中农业大学）

曹帮华（山东农业大学）　彭祚登（北京林业大学）

薛敦孟（北京市大东流苗圃）

秘　书：祝　燕（中国林业科学研究院）宋博洋（中国林业出版社）

林　娜（华南农业大学）　王佳茜（北京林业大学）

万芳芳（安徽农业大学）　杨钦淞（北京林业大学）

编写说明

种苗是国土绿化的重要基础，是改善生态环境的根本保障。近年来，我国种苗产业快速发展，规模和效益不断提升，为林草业现代化建设提供了有力的支撑，同时有效地促进了农村产业结构调整和农民就业增收。为提高育苗从业人员的技术水平，促进我国种苗产业高质量发展，我们编写了《苗谱丛书》，拟以我国造林绿化植物为主体，一种一册，反映先进实用的育苗技术。

丛书的主要内容包括育苗技术、示范苗圃和育苗专家三个部分。育苗技术涉及入选植物的种子（穗条）采集和处理、育苗方法、水肥管理、整形修剪等主要技术措施。示范苗圃为长期从事该植物苗木培育、育苗技术水平高、苗木质量好、能起到示范带头作用的苗圃。育苗专家为在苗木培育技术方面有深厚积淀、对该植物非常了解、在该领域有一定知名度的科研、教学或生产技术人员。

丛书创造性地将育苗技术、示范苗圃和育苗专家结合在一起。其目的是形成“植物+苗圃+专家”的品牌效应，让读者在学习育苗技术的同时，知道可以在哪里看到具体示范，有问题可以向谁咨询打听，从而更好地带动广大苗农育苗技术水平的提升。

丛书编写采取开放形式，作者可通过自荐或推荐两个途径确定，有意向的可向丛书编委会提出申请或推荐（申请邮箱：

miaopu2021start@163.com)，内容包含植物名称、育苗技术简介、苗圃简介和专家简介。《苗谱丛书》编委会将组织相关专家进行审核，经审核通过后申请者按计划完成书稿。编委会将再次组织专家对书稿的学术水平进行审核，并提出修改意见，书稿达到要求后方能出版发行。

丛书的出版得到国家林业和草原局、中国林业出版社、北京林业大学林学院等单位和珍贵落叶树种产业国家创新联盟的大力支持。审稿专家严谨认真，出版社编辑一丝不苟，编委会成员齐心协力，还有许多研究生也参与了不少事务性工作，从而保证了丛书的顺利出版，编委会在此一并表示衷心感谢！

受我们的学识和水平所限，本丛书肯定存在许多不足之处，恳请读者批评指正。非常感谢！

《苗谱丛书》编委会

2020年12月

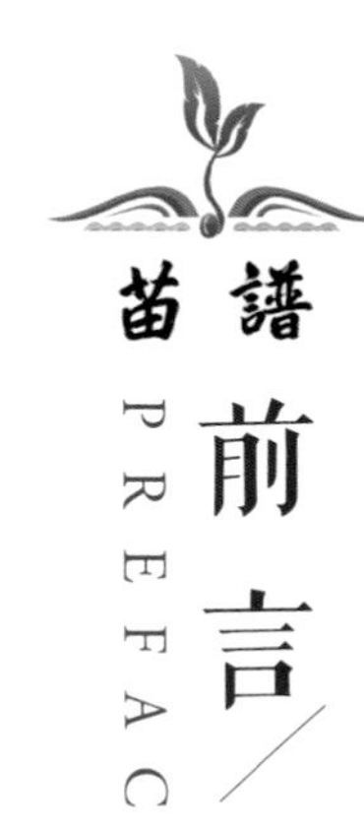

前言 PREFACE

青钱柳［*Cyclocarya paliurus* (Batal.) Iljinsk.］系胡桃科青钱柳属植物，因果似铜钱和叶具甜味又名“摇钱树”和“甜茶树”。青钱柳主要分布于我国亚热带地区的江西、浙江、安徽、福建、湖北、四川、贵州、湖南、广西、广东、重庆、河南、陕西、甘肃、云南等15个省（自治区、直辖市），多生于海拔420～2500m的山区、溪谷、林缘、林内或石灰岩山地。青钱柳是我国特有的单种属植物，是集药用、保健、材用和观赏等多种价值于一身的珍贵树种，特别是其叶片总提物、各活性部位及化合物单体在降血糖、降血脂、降血压和抗炎等方面所具备的药理活性受到了国内外的广泛关注。

作为一种多功能珍贵树种，现有的青钱柳资源主要是天然林，不仅数量少，而且多零星分布于深山老林和一些自然保护区中，大大影响了青钱柳的保护和开发利用进程。为了促进青钱柳天然林种质资源的保护，加快人工林资源的培育与开发利用是实现青钱柳产业可持续发展的必由之路。壮苗是发展青钱柳人工林的物质基础，但由于受其自身生物学特性的影响（花期不遇、种子具深休眠、无性繁殖很困难等），生产实践中掌握青钱柳苗木繁育技术的人员缺乏。南京林业大学自2000年开始进行青钱柳研究，目前已形成了青钱柳资源培育和开发利用等学科融合的研究团队，取得了一批研究成果。特别是南京林业大学青钱柳团队通过努力，于2013年成功将青钱柳叶加入国家新资源食品目录（批准号：国家卫生和计划生育委员会2013年第4号），为其食用生产和药用价值的开发利用提供了条件。本书是作者对近20年来在青钱柳育苗技术领域研究的系统总结。全书共分3个部分，在介绍青钱柳价值的基础上，主要阐述了青钱柳壮苗培育（包括播种育苗技术、嫁接育苗技术、容器育苗技术、苗木移植和管护技术）、苗木质量标准和苗木出圃等关键技术环节；同时，还介绍了部分青钱柳育苗示范苗圃（基地）及相关育苗专家，具有很强的生产应用价值。本书的出版旨在为青钱柳人工林资源的培育提供技术支撑，从而推动我国青钱柳产业的健康和可持续发展。

在本书撰写过程中，我们引用了国内外关于青钱柳种子生物学和苗木培育的相关理论和技术成果。在此，对被引用资料的论文作者表示最衷心的感谢！

由于编著者水平有限，不足和谬误之处在所难免，敬请同行和读者批评指正。

方升佐

2020年9月

目录

CONTENTS 苗譜

第1部分

青钱柳概况及育苗技术

PART 1

1 青钱柳简介

学名：*Cyclocarya paliurus* (Batal.) Iljinskaja
科属：胡桃科青钱柳属

1.1 形态特征

青钱柳为落叶高大乔木，树干通直，在天然林中处于林冠上层，为优势树种。在自然界中，成年植株高可达30～40m，胸径可达100cm以上；40～50年生的大树，枝下高可达9m。裸芽被褐色腺鳞。奇数羽状复叶，小叶7～9（稀5或11）片，先端钝或突尖，纸质，侧生小叶近于对生或互生，具0.5～2mm长的密被短柔毛的小叶柄；叶长椭圆形、卵形至阔披针形，长5～14cm，宽2～6cm，基部歪斜，阔楔形至近圆形，顶端钝或急尖、稀渐尖；顶生小叶具长约1cm的小叶柄，长椭圆形至长椭圆状披针形，长5～12cm，宽4～6cm，基部楔形，顶端钝或急尖；叶缘具锐锯齿，侧脉10～16 对，上面被有腺体，仅沿中脉及侧脉有短柔毛，下面网脉明显凸起，被有灰色细小鳞片及盾状着生的黄色腺体，沿中脉和侧脉生短柔毛，侧脉腋内具簇毛（图1–1）。

花序和果实：青钱柳为雌雄同株异花植物，雌雄花均着生在柔荑花序上。雄柔荑花序长7～18cm，2～4（多为3）条成一束生于长约3～5mm 的总梗上（图1–2），总梗自1 年生枝条的叶痕腋内生出；花序轴密被短柔毛及盾状着生的腺体；雄花具长约1mm的花梗。雌柔荑花序单独顶生，花序轴常密被短柔毛，老时毛常脱落而成无毛，在其下端不生雌花的部分有长约1cm花轴被锈褐色毛的鳞片。果序轴长25～30cm，无毛或被柔毛；果实扁球形，径约7mm，果梗长约1～3mm，密被短柔毛，果实中部围有水平方向的径达2.5～6cm的革质圆盘状翅（图1–2），顶端具4 枚宿存的花被片及花柱，果实

图1-1 四川沐川天然林中的青钱柳成年大树及植株器官形态（周永晟 摄）
（1.裸芽；2.复叶形态；3.顶生小叶形态）

及果翅全部被有腺体，在基部及宿存的花柱上则被稀疏的短柔毛。花期4～5月，果期7～9月，10月果实由青转黄时采摘，千粒重为160～200g。

青钱柳具有雌雄异型异熟的开花特性，即在群体中包括两种交配类型植株：雌花先熟个体（雌先型），开花顺序为花粉散落前柱头已成熟处于可授期；雄花先熟个体（雄先型），开花顺序为花粉在柱头成熟前已散落。在群体水平上，当一种交配类型（如雄先型）散粉时，另一交配类型的柱头正处于可授期（雌先型），然后它们交换角色。因雌雄异型异熟特性使不同植株雌雄花成熟时序不同，同一植株存在明显的花期不遇现象（洑香香等，2010，2011；Mao et al.,

图1-2　青钱柳的花序和果序（周永晟 摄）
（左上为雄先型花序；左下为雌先型花序；右为果序）

2019）。每年出现两个开花高峰期，第一个高峰期为4月中下旬至5月上旬；第二个高峰期为5月上旬至5月中旬。这种交配类型导致林分种子的饱满度低，且林分间和年度变异很大。调查发现，来自天然林种子的饱满度一般为0～30%，少数林分可高达50%左右。

青钱柳种子具有深休眠特性，一般播种后需隔年甚至2 年后才萌发（Fang et al., 2006；方升佐和洑香香，2007）。研究认为，青钱柳果皮和种皮存在一定的机械束缚和透性障碍，且含有一些活性较强的抑制萌发和生长的物质，这可能是导致种子休眠的主要原因（尚旭岚等，2011；Shang et al., 2012）。

幼苗形态特征：子叶2，对生，掌状4裂，中间一裂深度较深，缺口接近子叶柄；子叶轮廓长3.0～3.5cm，宽4.0～4.5cm［图1-3（1）］。子叶基部圆，叶柄长0.5～0.7cm，子叶及子叶柄均为浅绿色。下胚轴长4.5～5.0cm，光滑无毛；上胚轴长0.5～0.7cm。

初生叶为单叶，长椭圆状卵形或尖头长椭圆状卵形，叶缘有稀疏复锯齿和短绒毛。叶片长3.5～5.0cm、宽1.5～2.5cm，叶柄长0.7～0.9cm；叶深绿色，叶脉和叶柄浅绿色。第三片叶开始为奇数羽状复叶，由3～7片小叶构成，互生或近对生。小叶披针形或长椭圆状卵形。叶缘有锯齿，上下两面均有白色短绒毛。1年生播种苗主根明显，侧根较发达［图1–3（2）］。

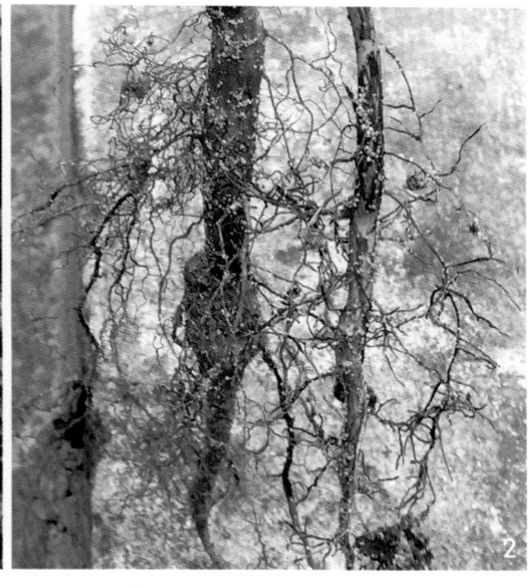

图1–3 青钱柳的幼苗形态特征（杨万霞 摄）
（1.幼苗子叶、初生叶和真叶；2.年生幼苗根系）

1.2 生长习性

青钱柳多生于海拔420～1100m（东部）［2500m（西部）］山区、溪谷、林缘、林内或石灰岩山地；喜生于温暖、湿润、肥沃、排水良好的酸性红壤、黄红壤和湿度较大的山地环境中［图1–4（1）］，在干旱瘠薄的土壤和干燥环境中生长不良。

青钱柳为强喜光树种，大树喜光，因此常位于林冠上层，成为天然林分的优势树种。幼苗、幼树稍耐阴；随着幼树的生长，其耐阴性显著下降。如果不能及时得到充足的光照，幼树逐渐死亡，因此在透光不足的林分中青钱柳天然更新十分困难（Li et al., 2017；图1–4）。

青钱柳根系十分发达，主侧根多分布在40～80cm的土层中（图1–5（1））。

图1-4　青钱柳生境及幼苗更新状况（周永晟 摄）
（1.天然林生境；2.幼苗更新）

图1-5　安徽石台沙性土壤上青钱柳根构型及叶用林分的矮化管理（洑香香 摄）
（1. 1年生苗木根系；2. 4年生苗的根构型；3. 叶用林的生长）

人工育苗和栽培中宜选择土层深厚的沙壤土丘陵山地；在土层瘠薄的地方，主根生长受到限制，常萌发粗壮侧根（图1–5（2））。青钱柳耐修剪，修剪后萌发大量侧枝，极易形成大的冠幅（图1–5（3））。基于此，在青钱柳人工叶用林定向培育中常采用矮化管理技术，以培养较大冠幅并获得更高的叶产量。

1.3 分布状况

1.3.1 天然分布状况

青钱柳主要分布于我国亚热带地区的江西、浙江、安徽、福建、湖北、湖南、四川、贵州、广西、广东、重庆、河南、陕西、甘肃、云南等17个省（自治区、直辖市），多生于海拔420～2500m的山区、溪谷、林缘、林内或石灰岩山地（方升佐等，2017）。

综合标本记录和实地调查资料，青钱柳天然分布于以下17个省（自治区、直辖市）共158个县（市、区）（图1–6）。具体情况如下。

安徽省：黄山区、绩溪县、金寨县、旌德县、祁门县、青阳县、歙县、石台县、舒城县、休宁县和岳西县。

重庆市：北碚区、城口县、奉节县和南川区。

福建省：光泽县、明溪县、南靖县、浦城县、泰宁县、沙县、邵武县、武夷山市、永安市、永春县、永定县和漳浦县。

甘肃省：康县、盘曲县、秦州区和文县。

广东省：乐昌市、梅县、乳源县、连山县和始兴县。

广西壮族自治区：环江县、金秀县、凌云县、隆林县、龙胜县、那坡县、融水县、田林县、右江县和资源县。

贵州省：安龙县、册亨县、从江县、剑河县、江口县、雷山县、黎平县、平塘县、榕江县、石阡县、绥阳县、望谟县、瓮安县、兴仁县、印江县和桐梓县。

河南省：灵宝县、鲁山县、栾川县、南召县、内乡县、商城县、嵩县和桐柏县。

湖北省：鹤峰县、建始县、利川市、天门市、五峰县、咸丰县和宣恩县。

图1-6 青钱柳天然资源分布图［审图号：GS（2022）204号］

湖南省：道县、凤凰县、古丈县、衡山县、洪江市、江华县、临武县、浏阳市、南岳区、宁远县、平江县、祁东县、桑植县、神农架、石门县、双牌县、绥宁县、通道县、武冈市、武陵源区、新宁县、炎陵县、宜章县、永定区、永顺县、沅陵县和芷江县。

江苏省：无锡市。

江西省：德兴市、分宜县、井冈山市、黎川县、芦溪县、庐山区、铅山县、上饶县、铜鼓县、武宁县、修水县、宜丰县、宜黄县、永丰县、永修县和玉山县。

陕西省：岚皋县、略阳县、洋县和镇坪县。

四川省：峨眉山市、雷波县、芦山县、沐川县和青川县。

上海市：嘉定区。

云南省：富宁县、屏边县和镇康县。

浙江省：安吉县、常山县、淳安县、奉化市、开化县、建德市、江山市、缙云县、景宁县、莲都区、临安市、龙泉市、浦江县、庆元县、瑞安市、上虞区、遂昌县、泰顺县、天台县、文成县、武义县、仙居县、鄞州区和永嘉县。

1.3.2 人工林种植区域分布

由于青钱柳的药用价值广受青睐，天然资源遭到极大破坏而造成资源匮乏。基于此，人工资源的培育受到广泛关注。结合当前精准扶贫政策，在各自然分布区林业主管部门积极推进下，青钱柳人工林种植逐渐推广。目前青钱柳人工林资源规模化种植区主要分布于以下地区。

湖南省：武冈市、城步县、绥宁县、新宁县、桑植县、慈利县、永定区、武陵源区、石门县、江华县。

贵州省：雷山县、黎平县、剑河县、凯里市、都匀市。

湖北省：鹤峰县、五峰县、宜都市、宜昌市。

江西省：万年县、修水县、井冈山市、莲花县、铜鼓县、玉山县。

广西壮族自治区：龙胜县、田林县。

四川省：南江县、旺苍县、叙永县、广元县。

河南省：商城县。

安徽省：石台县、绩溪县、金寨县、滁州市。

浙江省：遂昌县、缙云县、文成县。

陕西省：略阳县。

江苏省：南京市、溧阳市、盐城市。

目前，青钱柳的人工种植规模还在迅速扩展中。

1.4 青钱柳的价值

青钱柳因果似铜钱和叶具甜味又名“摇钱树”和“甜茶树”，是集药用、保健、材用和观赏等多种价值于一身的珍贵树种。特别是其叶片总提物、各活性部位及化合物单体在降血糖、降血脂、降血压和抗炎等方面所具备的药理活性受到了国内外的广泛关注（郑观涛和殷志琦，2019）。

1.4.1 药用价值

据《中国中药资源志要》记载，其树皮、树叶具有清热解毒、止痛功能，可用于治疗顽癣，长期以来民间用其叶片做茶（方升佐和杨万霞，2003）。20世纪80年代以来，一些以青钱柳叶为主要原料的初级保健品上市，经国内一些大专院校、科研机构及医院初步的动物及临床试验表明，青钱柳总提物、各活性部位及其化合物单体具有丰富的药理活性，包括降血糖、降血脂、降血压、抗氧化、抗肿瘤、增强机体免疫功能、抑菌以及抗疲劳作用等。

降血糖作用： 植物中具有降血糖作用的成分归纳起来有萜类及皂甙、多糖类、多肽及氨基酸类、生物碱、黄酮类及不饱和脂肪酸类等。大量研究发现青钱柳具有明显的降血糖作用（易醒等，2001；王文君等，2003；Kurihara et al., 2003；上官新晨等，2010；王晓敏等，2010；Wang et al., 2013；盛雪萍等，2018）。

李磊等（2002）和上官新晨等（2010）发现青钱柳多糖可以显著提高小鼠对葡萄糖、淀粉的糖耐量，但对蔗糖的影响不显著。杨武英等（2007）研究表明青钱柳黄酮是α－葡萄糖苷酶抑制剂，而α－葡萄糖苷酶抑制剂是通过延缓碳水化合物的消化吸收来降低餐后高血糖目的。青钱柳叶中微量元素锌对降血糖起着不可忽略的作用，其他元素如铬、镍、钒、镁及一些稀土元素也与降血糖显著相关（李卫娟等，2006）。王晓敏等（2010）发现青钱柳水提物可以改善四氧嘧啶对胰岛β细胞的破坏，对糖尿病有治疗作用。此外，盛雪萍等（2018）发现青钱柳和桑叶配方显著改善了大鼠空腹血糖、糖耐量以及胰腺组织形态。

降血脂作用： 青钱柳中所含的三萜类化合物具有降血脂的作用，微量元素硒能有效地改善脂质代谢（钟瑞建等，1996）。青钱柳三萜酸富集部位（CPT）对非酒精性脂肪肝（NAFLD）具有一定的治疗作用（Zhao et al., 2018）；氯仿提取部位可以降低高脂饮食造模大鼠的体重、血脂和TNF－α水平，同时降低肝脏脂肪水平，改善肝脏脂肪变性症状

（Lin et al., 2016）；叶中5 种乌苏烷型三萜类化合物可以降低脂肪酸诱导的HepG2 细胞的MDA 水平，提高SOD 活性（Yang et al., 2018）。

在临床方面，谌梦奇等（2002）发现青钱柳茶有较好的降低高血清甘油三酯、总胆固醇浓度及纠正异常低密度脂蛋白浓度的作用，从而对血脂呈双向性调节作用。

降血压作用：青钱柳具有扩张肠系膜微动、静脉血管及加快血液流速、增加血流量、降低动脉血压和心率的作用。张彩珠等（2010）使用青钱柳水提液显著降低了高血压大鼠的收缩压和舒张压，并且改善了大鼠心脏、肾脏、动脉的病变情况。研究也表明，青钱柳总黄酮具有一定的降血压作用，能够缓解肾脏、心脏的病变（侯小利，2014）。

抗氧化和抗衰老作用：抗氧化和抗衰老的作用可能与青钱柳中所含的微量元素和有机成分有关。硒是人体血红细胞中谷胱甘肽过氧化酶的重要成分，具有抗氧化、保护细胞膜和心血管的作用；硒和维生素E结合是一种重要的体内自由基清除剂；有机锗具有抗脂质氧化作用，多糖、黄酮类化合物也可调节机体的生理功能，起到抗衰老的作用（谢明勇和李磊，2001）。体外研究表明，0.25mg/mL的青钱柳总多糖具有较强的DPPH 自由基清除能力，清除率为92.9%（Xie et al., 2012）。

青钱柳具有天然抗氧化剂的作用，可能与其含有黄酮类化合物有关。Xie等（2018）研究发现，青钱柳总黄酮对氯仿诱导的急性肝损伤有治疗作用，可以显著降低模型大鼠的天冬氨酸转氨酶（AST）、丙氨酸转氨酶（ALT）、丙二醛（MDA）的水平，提高超氧化物歧化酶（SOD）、总抗氧化能力（T–AOC）和谷胱甘肽过氧化物原酶（GSH–Px）的水平。

抗肿瘤和抑菌作用：刘昕等（2007）研究发现，青钱柳多糖Ⅰ和Ⅱ在50～400μg/mL 质量浓度条件下可极显著地抑制HeLa细胞生长。韩澄等（2009）的研究也表明，青钱柳多糖在50～400μg/mL浓度条件下，可极显著地抑制人胃癌MGC_803细胞生长，抑制率可达65.07%，细胞凋亡率可达25.44%。

黄贝贝等（2006）考察了青钱柳提取物的抑菌效果，结果发现，青钱柳提取物对金黄色葡萄球菌、乙型溶血性链球菌等革兰氏阳性菌具有较强的抗菌作用；此外，还发现100mg/mL青钱柳多糖对金黄色葡萄球菌、大肠杆菌和枯草芽孢杆菌有一定的抑制作用。

1.4.2 材用价值和观赏价值

由于青钱柳树体高大通直，在林分中其自然整枝能力强，因此分枝少、出材率高，是很好的材用树种。当其稀植时，易形成庞大的树冠和通直的树干，再加上成串的铜钱状果实随风摇曳，是行道树和庭园树的优良观赏植物。

材用价值： 青钱柳的气干密度在含水率为12%时达0.552g/cm^3，比我国传统的枪托用材——胡桃楸（*Juglans mandshurica*）高6%，而与优良家具、枪托和机模用材的黄杞（*Engelhardtia roxburghiana*）很相近。Deng 等（2014）发现，7年生青钱柳幼树的胸高处木材的微纤丝角为18.1°~23.2°，木材结晶度在51.4%~74.1%。青钱柳的木材纹理直，结构略细，重量和硬度适中，干燥快，切削容易，油漆和胶黏性能良好，钉着力中，适宜于作家具、胶合板、建筑及包装材等。同时，还可广泛地适用于制浆造纸和中、高密度纤维板生产。

观赏价值： 青钱柳的树姿优美，果似铜钱，可以作为优良观赏绿化树种（方升佐和洑香香，2007；图1–7）。

此外，青钱柳树皮中不仅含有纤维，还含有鞣质可供提制栲胶等。因此，青钱柳是一种很有发展前景的多用途珍贵树种。

图1–7 青钱柳的观赏价值（尚旭岚 摄）
（1.青钱柳行道树；2.青钱柳果实）

1.5 青钱柳文化

诗仙植宝：青钱柳因其果序似铜钱串，常寓含富贵的象征。在江南莲花佛国九华山，盛传着一句脍炙人口的谚语："九华灵山有三宝，金钱树、娃娃鱼、叮当鸟。"古今诗文中不乏有人以"一品、二珍、三稀"六字封冠九华三宝——"一品金钱树""二珍娃娃鱼""三稀叮当鸟"。备受山间居民及游人香客青睐的金钱菩提子手串，就是由青钱柳果实加工而成，因其状如铜钱寓意着财源滚滚。

菩萨赠宝：关于神茶，有一个美丽的传说。赣西北修水县的紫云山黄杨寺建寺初期，农夫何氏收留一患病老翁，悉心照料数月，老翁病愈竟不辞而别，数日后托梦于何氏，曰："汝素行善，吾赐树于汝园中，饮其汁可祛病强身，制法已授方丈"，言毕，飘然而去。何氏惊醒，即往寺中，遇方丈始知同得此梦。至园中，果见一树枝繁叶茂。按老翁所授秘方采集其叶制成干品，供众僧及朝拜者饮用，效果如老翁所言。众僧及香客以为寺中菩萨显灵，故称此品为"神茶"。

江西修水民间还有这样一个传说。观音菩萨手中的神柳，就是修水一带特有的古老植物青钱柳的枝条，观音菩萨用这神柳为人间"点一点祛病消灾，扫一扫延年益寿"。因此，当地百姓相沿成俗，祖祖辈辈取青钱柳的树叶制茶饮用，并称之为"神茶"。

红军赞宝：20世纪30年代，红军长征转战湖南期间，三支红军部队均从绥宁经过。其中一支队伍翻越乌鸡山，进入上堡、界溪、赤坂一带。红军每到一处，苗民都热情地送上青钱柳茶。上堡一位九十有六的老翁提一鼎罐给红军喝，红军见茶汤与其他的茶有别不敢喝，老翁告诉红军："你们就放心喝吧，这种茶对身体有好处。我们喝了几十年，连感冒都很少得呢。"红军战士听老翁这么一说，就你一碗我一碗地喝开了。有的说这茶气味清香口感好，有的说这茶甘甜清凉，喝了很舒服。红军临走时赠联一副，上联是"一叶青钱柳吐露山水芬芳"，下联是"几盏青钱茶滋润身心健康"，横批"深山珍宝"。

古国护宝：明代苗族农民起义领袖李天保在上堡建都。这里青钱柳甚多，义军采其叶当茶饮用，个个精神饱满，身强体壮，士气大振，屡战屡胜。自称"武烈王"的李天保高兴不已，便下令保护青钱柳，不得砍伐、损坏。苗民长年喝青钱柳茶，病痛减少，延年益寿，认为这是山神的恩赐，称青钱柳为“神树”。村民进寨路过神树都要祭拜，每年四季八节，苗民都要在树下烧香祈福；生了小孩，要到树下“寄名”，这样，孩子就能像青钱树那样，长得高大强壮。

诗歌传唱： 随着青钱柳价值得到广泛认可，各地企业通过多种方式宣传和传承青钱柳文化，如贵州省百佳尚品农业综合开发有限公司谱曲传唱的《青钱柳之歌》、湖南青钱宝科技有限公司的《大树传奇——青钱柳之歌》、江西省万年县美欣农林科技有限公司的诗作《青钱柳之歌》等运用不同的民族唱法加以宣唱。

1.6 品种或良种介绍

青钱柳集药用、保健、材用和观赏等多种价值于一体，目前已根据不同的利用目的初选出一些优良种源和优良家系。南京林业大学选育出的青钱柳‘沐川种源’是一个高产、优质的材叶两用良种（2020年11月通过江苏省审定，编号为苏S-SP-CP-006-2020）。青钱柳‘沐川种源’选自四川省沐川县青钱柳天然林分。生长较快，适应性较强，树干通直，叶茂，果翅大。在江苏省溧阳市10年生树平均树高9.3m，平均胸径16.3cm，分别较对照种源高16.20%和19.76%；8月叶中总黄酮、总三萜含量平均为36.35mg/g和37.02mg/g，分别较对照种源高23.39%和16.49%。该良种可作为用材林、叶用林树种，也可用于园林绿化（图1–8）。

图1–8　青钱柳‘沐川种源’
（1.良种证书；2.田间表现）

2 繁殖技术

经过近20年的探索和生产应用推广，发现青钱柳的苗木繁殖比较困难，而且繁育周期也较长。目前，比较成功并能规模化推广的繁育技术主要有播种育苗和嫁接育苗，而扦插育苗技术体系还不成熟，组培育苗也未获得突破性进展。因此，下面主要介绍青钱柳的播种育苗和嫁接育苗。

2.1 播种育苗

2.1.1 种子采集调制与催芽

2.1.1.1 种子采集

由于青钱柳具有异型异熟的交配系统，种子饱满度受林分群体中雌先型和雄先型比例的影响，因此须选择具有一定群体数量（>10株）且已进入结实盛期的林分采收种子；避免选择孤立木、小群落林分采收，以保证采收种子具有一定的饱满度。采种时宜选择干形好、生长健壮、光照充足、无病虫危害的母树，在9~10月果实由青转黄时进行采收。由于青钱柳种子为翅果，易于飘散，成熟后最好立即采收。在无风或微风的晴天，在采种母树下铺网，用竹竿敲打后种实掉落于网上，收集翅果（图1-9）。

2.1.1.2 调制

将采回的果实在通风干燥的室内阴干，搓碎果翅，风选去除杂质。因青钱柳种子饱满度低，播种前一定要进行分选。水选，将纯净种子放入清水或饱和盐水中稍做搅拌，留取下沉种子备用；由于青钱柳果实具有坚硬的外种皮，因此水选效果一般，但简单实用，在生产上也常采用。或可采用酒精分选，取下沉种子晾干备用，此法大规模筛选有一定困难，仅在实验室使用。

图1-9 青钱柳种实采收及调制（尚旭岚 摄）
（1.采种母树；2.种子成熟期；3.采收的翅果；4.去翅种子；5.种子饱满度）

2.1.1.3 贮藏

干藏：青钱柳种子为正常型（常命型）种子，长期贮藏可采用干藏法。具体做法如下：贮藏前需将种子晾干到含水量10%左右或更低。将晾干种子分装于不同容器或包装袋中，扎紧袋口；或将种子包装在密封容器中。将容器放置在冷藏条件（0～5℃）进行贮藏，密封低温干藏可长期保持种子活力；或将容器放置在常温种子仓库，控制温度和湿度，贮藏时间可长达2～3年。

湿藏：即将用于育苗的种子，宜采用湿藏法。青钱柳种子为深休眠种子，种源间和个体间休眠深度差异较大，湿藏时间一般不少于12个月。具体方法如下：在室外选择排水良好的斜坡地段，用砖围成贮藏围墙。先用0.5%的高锰酸钾溶液拌沙消毒；再按一层湿沙与一层种子层积贮藏，种沙比为1∶3，沙的湿度以手捏成团、松手即散为宜。由于贮藏时间一般需经历1年或以上，因此需在沙床上方搭透光率为25%～50%的遮阴网。贮藏期间定期观察并保持沙床湿度，每隔约20d翻动一次，并除去霉变种子。

2.1.1.4 催芽

青钱柳种子的休眠原因是果皮和种皮存在一定的机械束缚和透性障碍，及其种皮和果皮内含有抑制萌发和生长的物质，因此常采用酸蚀或激素处理结合低温层积，可加快种子萌发。具体处理分2步进行：即种子预处理和层积处理。

（1）种子预处理可采用酸蚀处理或赤霉素处理。

酸蚀处理：用98%浓硫酸浸泡饱满种子，浸泡时间依种子千粒重不同而异。浸泡时间参考如下：千粒重为101～120g的种子浸泡5～6h，千粒重为121～140g的种子浸泡6～7h，千粒重为141～160g的种子浸泡7～8h，千粒重为161～180g的种子浸泡8～9h，千粒重181g以上的种子浸泡9～10h。从硫酸中滤出种子，搓去碳化层，置于流水下冲洗24h。

由于硫酸具有强腐蚀性，处理残液需专门回收处理，而且硫酸为管控药品；此外，此方法操作较为烦琐，因此酸蚀处理仅在实验室研究时使用，生产上不推荐使用。

赤霉素浸泡处理：将选种后的种子用浓度为500mg/kg GA_3浸种8～10d，每天搅动2～3次，期间可换液1～2次。此法可用于大规模的种子处理，方法容易控制，推荐为生产使用方法。

（2）层积处理。

将未进行预处理或预处理种子进行层积处理。根据生产实际情况，可进行圃地层积、沙床层积和低温层积处理。

圃地苗床层积：将预处理或未预处理的种子直接播种于育苗床上，床面覆盖稻草或遮阴网。优点是可以边层积边发芽，发芽种子直接在苗床上继续培育成苗，不需移植，省事。缺点是由于种子层积处理和发芽持续时间长，增加层积期间的管理工作量；另外，由于出苗时间不一、苗木规格参差不齐，成苗效果较差。

室外沙床层积：选择平坦、向阳、避风、近水源、不易积水的地段，或在阴棚下进行室外沙藏层积催芽。可用砖砌层积沙床或者用扦插池作沙床，床基内宽1～1.2m，内长8～10m，催芽床东西向排列。床内先垫铺5cm厚的卵石，卵石上铺15cm厚的河沙。将种子与湿沙按体积比为1：3混合置于床内。层积期间定期检查沙床湿度，每个月翻动一次。室外沙床层积可适当提高层积种子的密度，进行集中管理，可降低管理成本及提高种子发芽整齐度，待种子露白或萌发后再进行后续育苗工作（图1–10）。

图1–10　青钱柳种子赤霉素浸泡预处理和室外沙床层积处理（尚旭岚 摄）
（1.净种分级后的种子；2.赤霉素浸泡处理；3.室外沙床层积；4.沙床层积种子的萌发）

低温层积：在室内地面铺5～10cm厚湿沙，再按一层种子、一层沙子的方式，堆高至距地面20～30cm处，上面覆盖5～10cm厚的沙子，浇透水。层积期间将室内温度控制在0～5℃条件下，水分管理方法参照沙床层积方法。

2.1.2 裸根苗培育

2.1.2.1 播种前准备

圃地选择：宜选择交通方便、地势平坦、排灌通畅，土层深厚、肥沃，微酸性沙质壤土或壤土，地下水位≥1m的地块，避免选择低洼积水的水稻田作为育苗圃地。

整地：冬季土壤封冻前翻耕，整地深度≥30cm。翻耕前每亩[①]撒入8～10kg硫酸亚铁、2～3kg杀螟硫磷，结合翻耕每亩施入120～150kg有机肥（有机质≥45%，$N+P_2O_5+K_2O$≥5%）。圃地四周开挖排水沟，沟深50～60cm。翌年春季播种前精细整地。

作高床：床高25～30cm、床宽100～120cm，步道宽35～40cm；播种前将床面土壤打碎、耙平。苗床走向应利于排水。

2.1.2.2 播种方法

在2月下旬至3月中旬，当日平均气温≥15℃、地温≥10℃时即可播种。根据层积处理种子萌发程度的不同，可采用大田播种或芽苗移栽。

大田播种：一般采用条播。行距以25～30cm、沟深3～5cm、沟宽3～5cm为宜。层积催芽后当有1/4～1/3种子露白时即可播种（图1–11），播种时将层积种子和沙均匀撒到播种沟内，覆土1～2cm盖住种子，轻轻镇压；然后在床面覆盖2～3cm稻草或无纺布等，压实后浇透水。播种量需根据种子饱满度进行调控，一般情况下控制在7～7.5kg/亩。

因青钱柳种子的饱满度差异较大，且解除休眠的情况不尽一致，直接播种比较难以控制密度，常造成出苗稀密不均，增加后期的管理成本。如图1–12所示，播种密度过大，需要进行间苗。

---

① 1亩＝1/15hm^2，下同。

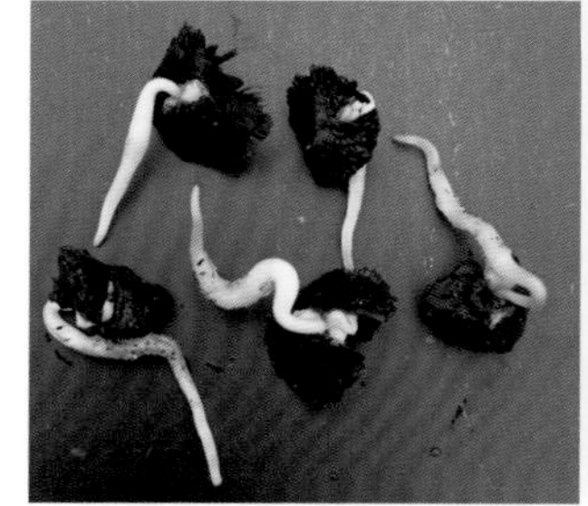

图1-11　青钱柳种子层积处理后不同萌发阶段（尚旭岚 摄）
（左上为露白种子，左下为胚根突出，右为萌发过程）

图1-12　大田播种育苗（尚旭岚 摄）

芽苗移栽：为了避免大田播种出现苗木密度不均的问题，在生产上也常采用芽苗移栽进行育苗。待层积种子萌发幼苗生长高达5～7cm，选择凉爽的阴天或晴天的早晚进行芽苗移栽；移栽株行距为15cm×25cm。移栽步骤如下。

①起芽苗。浇水充分湿润苗床或层积基质后才能起苗。轻缓地将芽苗拔起，尽量保持根系完好。取出的芽苗集中放入盛水的容器中，上盖湿布以保持湿度。

②切根移栽。栽植前，剪掉根尖和过长主根，保留根长5～6cm；栽植时，用粗约1cm的木棍插入形成栽植孔，孔深5～6cm，左右摇晃木棍，加宽栽植孔；芽苗要放正栽直，栽苗后用木棍挤紧，使根系与轻基质紧密结合，适当深栽。栽后1h内，用洒水壶浇透定根水；当天栽植的芽苗，要浇水2～3次；移栽后10d内，视天气、气温和土壤干湿度，不定期地浇水，保持幼苗湿润。刚移植的幼苗需采用遮阴网进行遮阴（图1–13）。

图1–13 青钱柳芽苗移栽进行圃地育苗（尚旭岚 摄）
（1.起出的芽苗；2.芽苗移栽到圃地中）

2.1.2.3 苗期管理

芽苗移植育苗的苗期管理相对简单，主要控制好水分和杂草。而大田播种育苗的苗期管理相对复杂，主要有以下几个方面。

撤除覆盖物：播种后30～40d，待幼苗基本出齐，分2次揭除覆盖物，间隔约5d。

幼苗遮阴：在条件适宜情况下，圃地需搭简易遮阴网进行遮阴。

间苗和定苗：当幼苗长高至7～10cm开始间苗和补苗。按照

“间密补稀、间劣留优”的原则，在阴天或晴天的早晨、傍晚，把株距小于10cm的小苗移出，补栽到株距较大的地方，控制株距在15～25cm。6月底定苗，留苗量控制在10000～12000株/亩（图1–14）。

切根：青钱柳主根发达，侧根相对较少。为了促进圃地苗的侧根萌发，当幼苗根长达15～20cm时（约7月份前后），可采用圃地切根技术，在苗床上直接切断主根。切根最好采用机械切根，以避免切根对植株根系造成影响。由于小规模生产缺乏切根机械，该技术还未在生产中进行推广使用。

图1–14　青钱柳圃地苗生长状况（陈章鑫 摄）
（1.间苗后的苗木状况；2.圃地上搭建简易遮阴网；3.生长后期的圃地苗）

除草松土：采取人工拔草、松土。坚持除早、除小、除了原则。出现杂草与苗木争水肥、争生长空间时，及时拔草，给幼苗创造一个良好的生长环境。松土要及时、全面，不伤苗、不伤根。

水分管理：出苗期和幼苗生长初期多次适量浇灌，保持床面湿润，但不能积水；苗木速生期宜适当增加浇水次数和浇水量；9月中旬开始，逐渐减少浇水次数，维持苗木不干旱即可。进入10月份，要控制灌溉，加快苗木木质化，有利越冬。

施肥：苗木速生期追施尿素3.5～5.0kg/亩，分3～5次进行；6月初进行第一次施肥，施肥量先少后多；9月中旬停止追肥。或可采用叶面喷施，间苗补苗后3～5d，喷施磷酸二氢钾水溶液1次；间隔10d，再次喷施磷酸二氢钾水溶液，连续喷施2次；8月以后停止施肥。

2.1.3 容器苗培育

2.1.3.1 圃地选择和整理

图1-15 铺有地布的容器育苗区（尚旭岚 摄）

圃地选址：选择有水源或灌溉条件良好的地方，要求育苗地平坦、排水良好。山地育苗宜选在通风良好、阳光较充足的半阴坡或半阳坡，不能选在低洼易积水、易被水冲、易沙埋的地段和风口处。

育苗地整理：先要清除杂草、石块，平整土地。在平整的圃地上，划分苗床与步道；苗床一般宽1～1.2m，步道宽40cm，苗床长依地形而定。床面铺上一层聚丙烯塑料地布，以防苗木向下窜根和杂草滋生。育苗地周围挖排水沟。在气候湿润、雨量较多的地区或灌溉条件较好的育苗地，床面可与步道平齐或稍高于步道；在干旱地区或灌溉条件差的育苗地，床面可低于步道，摆好后容器上缘与步道平齐。育苗地上须搭建遮阴网和喷灌设施（图1–15）。

2.1.3.2　容器种类

宜选用无纺布袋容器。装填基质后，容器的上口直径为8～10cm，高为10～12cm（图1–15）。尽量避免选用塑料袋容器，塑料容器易造成盘根现象，不利于造林成活和造林后的幼林生长。

2.1.3.3　育苗基质配制和消毒

基质配比：基质材料尽量选用当地容易获得的材料，如黄心土、腐殖质土、泥炭、菇渣、蛭石、珍珠岩和充分腐熟的有机肥（厩肥、堆肥、饼肥）等，按一定比例混合后使用。建议使用基质配比为：黄心土：珍珠岩：草炭土：有机肥（有机质≥45%，$N+P_2O_5+K_2O \geq 5\%$）的体积比为2：2：4：2或2：2：3：3。

基质消毒：移植前3～5d，采用50%多菌灵可湿性粉剂800倍液或70%甲基托布津可湿性粉剂800倍液等浇灌基质进行消毒。消毒放置一周后，可装入容器。

基质装填和容器摆放：将育苗基质装至离容器上口0.5～1.0cm处，装填后要敦实。将装好基质的容器整齐摆放到育苗架或铺有聚丙烯塑料地布的苗床上，容器间保留3～5cm的间隙，切忌将容器紧密排放，不仅容器间容易窜根，且幼苗的生长空间也不足。

2.1.3.4　播种方法

播种育苗：一般在2月下旬至3月进行。选露白种子进行播种，每个容器内播1粒种子。将种子播在容器中央，胚根朝下。播后及时覆土，覆土厚度为1.5cm；覆盖后随即浇水。覆土后至出苗期间保持营养土湿润。

芽苗移栽：待芽苗长至4～7cm高时，选阴天、晴天清晨或傍晚起苗（图1–16）。用竹棍距芽苗基部2cm处斜插入根部，向上用力松动沙子，用手轻轻拔出芽苗，整齐堆放在盛有清水的容器内，用湿毛巾盖好备用。修剪芽苗根系，保留根长3～4cm。用竹棍在装好基质的容器中心位置左右摇动形成一个小穴，植入芽苗使其根茎部稍低于基质面，用手轻轻按实根部基质。每个容器移植1株芽苗，移植后随即浇透水；移植后1周内要坚持每天早、晚浇水。

图1-16　青钱柳容器育苗（杨万霞 摄）
（1.用于移植的芽苗；2.芽苗移植后的容器苗；3.摆放在育苗架上的容器苗）

2.1.3.5　苗期管理

遮阴：用透光率为50%～70%的遮阴网遮阴。播种育苗或芽苗移栽后开始遮阴，直到生长后期（约在9月）撤除遮阴网，使幼苗在休眠前充分木质化，提高其抗寒能力；期间，阴雨天和晚间可收起遮阴网。

除草：人工及时拔除容器内的杂草。拔草时应注意不要伤及幼苗，并彻底拔除杂草根系；拔草后及时浇水定根。结合除草定期挪动容器或截断伸出容器外的根系。

水分管理：失水易造成容器苗生长不良甚至死亡，因此水分管理十分重要。要求及时浇水，浇水要浇透。浇水后容器内基质下沉应及时补添。

图1-17　青钱柳容器苗的年生长过程（尚旭岚 摄）

追肥：可采用叶面追肥或基质追肥。

叶面追肥宜选阴天、晴天清晨或傍晚，叶面喷施0.1%～1.0%尿素水溶液，浓度随苗木生长逐渐提高。施肥后用清水冲洗叶面。6月初开始施肥，之后每半个月追肥一次，9月中旬停止施肥。

基质追肥一般在苗木生长期间进行，施肥2～3次。可选择尿素、复合肥或者缓释肥，结合浇水进行；速生期以氮肥为主，生长后期停止使用氮肥。苗木长出4～5片真叶时进行第1次追肥，氮肥浓度控制在0.1%～0.2%；进入速生期前进行第2次追肥，氮肥浓度控制在0.2%～0.5%；速生后期可施磷肥和钾肥。

2.2 嫁接育苗

随着栽培品种的选育和推广，青钱柳无性系化进程越来越迫切，因此无性繁殖越来越受到重视。迄今为止，扦插育苗技术仍未成熟，嫁接育苗基本上实现了产业化生产。胡桃科植物由于体内含有丰富的次生代谢物质，如酚酸类、黄酮类和多糖类物质，影响其嫁接成活率。经过多年的探索和试验，目前比较成功且可用于生产推广的嫁接技术主要包括以青钱柳实生苗为砧木的春季枝接和夏秋季芽接，嫁接成活率可达70%～80%。此外，以同科的枫杨为砧木的嫁接，也获得了成功，但成活率很低，仅有10%～20%，且在后期生长中，由于二者的亲缘关系较远，加上枫杨的萌发能力特别强，导致部分植株生长势越来越差，逐渐死亡（图1–18）。

由图1–18可知，本砧嫁接伤口愈合好；枫杨为砧木的嫁接伤口出现了明显的隆起，如果长时间不能愈合，嫁接苗逐渐死亡，愈合完全后，植株将会存活。两种嫁接组合苗的生长差异也很大，本砧嫁接的生长势显著大于枫杨-青钱柳的嫁接组合。但以枫杨为砧木有几大优点：①来源广、易于育苗；②枫杨适生于低洼水湿地，具有很强的耐水性，而青钱柳不耐水湿，因此枫杨-青钱柳的嫁接苗可能有利于改善青钱柳在低洼积水立地上的存活和生长能力；③枫杨的萌芽更新能力极强，枫杨-青钱柳组合可能适宜于青钱柳叶用林矮化管理模式。但要充分发挥枫杨为砧木的潜在应用价值，还需完善和优化嫁接技术。

图1-18　以青钱柳和枫杨为砧木的青钱柳嫁接苗的比较（尚旭岚 摄）
（1、4左为青钱柳作砧木，2、3和4右为枫杨作砧木）

考虑到目前生产上还是以本砧嫁接为主，因此下面主要阐述本砧嫁接的育苗技术。

2.2.1　砧木培育

以1～2年生青钱柳实生苗为砧木，砧木培育参照2.1中的裸根苗和容器苗培育的方法进行。嫁接砧木要求苗木粗度≥1.0cm。圃地苗需提前稀疏或移植；容器苗则需换袋至口径12cm、高16cm的无纺布容器中，或直接移植到圃地，圃地苗的株行距为0.5m×0.5m。为了提高春季枝接成活率，移植或更换容器时间宜在前一年秋季进行，以保证嫁接前苗木的根系成活；如果采用夏秋季芽接，则可在当年春季移植或换袋，同时进行平茬处理，保留主干5～10cm，以促进成活和根系生长（图1-19）。

图1-19　青钱柳砧木的容器苗培育（尚旭岚 摄）

2.2.2　接穗采集

因嫁接的时间和方法不同，接穗采集的时间和要求也各不相同。

春季枝接：树液流动前后的1～2周内，时间一般以2月下旬至3月上旬为最佳；选择健壮母树树冠外围中下部枝条，要求直径>1cm、生长健壮、发育充实、粗壮光滑且无病虫害的1年生休眠枝条。枝条采集后立即剪除顶梢幼嫩部分，成捆放置在水里，注意遮阴。不能立即嫁接的枝条可进行沙藏或低温贮藏，贮藏时间不要超过两周。

夏秋季芽接：于当年生枝条已半木质化期间，一般为7月中旬至9月上旬；选健壮母树树冠外围中下部，采集直径>1cm、生长健壮、发育充实及无病虫害的当年生半木质化枝条。采集后立即剪除叶片和顶梢幼嫩部分，叶柄留长1cm左右，注意遮阴保湿，接穗当天采集当天嫁接。

2.2.3　嫁接方法

2.2.3.1　春季枝接

春季休眠枝条由于采穗时间的差异及受当时降雨的影响，造成穗条的离皮程度不同。根据穗条的离皮难易程度，可采用切接和插皮舌接两种方法。

接穗制作：①切接，不易离皮的穗条用于切接。穗条制作：每个接穗留1个芽，背芽面下切口削成一个长3～5cm的斜切面，在芽的下方削成长1～2cm的短切面（图1-20-1）。②插皮舌接，容易离皮的接穗采用插皮舌接。每个接穗留1个芽，在芽上方1cm处平剪，下切口削成3～5cm长的舌状大削面；削时刀口一开始向中间平切，超过髓心，然后垂直向下切，厚度以能紧密插入砧木皮层和木质部之间而皮不裂为好；削面下端尽量削尖，削薄（图1-21-1）。

砧木制作：采用切接法的砧木，在距地面10～15cm处截断，削平断面；选皮层平整光滑面，从木质部与韧皮部之间垂直下切，切口长度与接穗大削面相当（图1-20-2）。采用插皮舌接的砧木，在距地面10～15cm处截断，削平断面，然后选砧木皮层平整光滑面由上至下削去老皮，露出嫩皮，长5～6cm，宽1cm左右（图1-21-2）。

嫁接：①切接：将接穗插入砧木切口中，要求接穗大削面朝向砧木木质部，插入时需留白0.5cm（图1-20-3），并要求接穗和砧木两者形成层紧密贴合；当砧木切面大于接穗削面时，接穗紧靠砧木一边，使砧穗一侧形成层互相对正；最后用薄膜条进行绑扎，芽体露在外面（图1-20-4）。②插皮舌接：捏开接穗舌状部分的皮层，使其

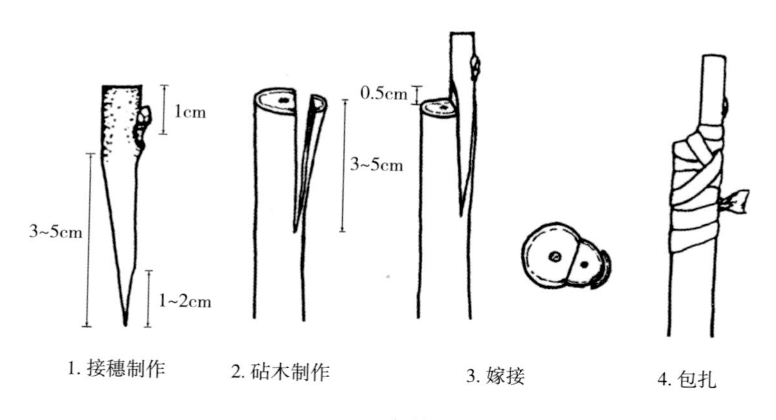

图1-20　春季枝枝——切接示意图（朱莹、徐展宏 绘制）

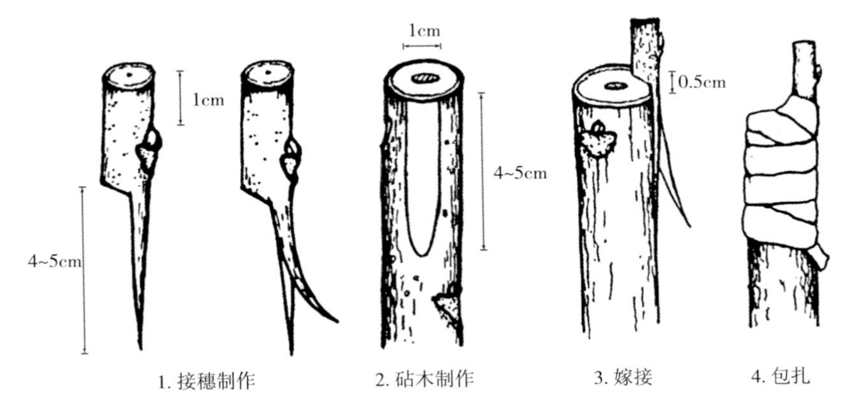

图1–21　春季枝接——插皮舌接示意图（徐展宏、朱莹 绘制）

与木质部分离，将接穗的舌状木质部部分插入砧木的皮层与木质部之间，露白0.5cm，接穗的皮层覆于砧木嫩皮外（图1–21–3）；然后用薄膜条进行绑扎，芽体露在外面（图1–21–4）。

接后管理：嫁接后7d内不浇水，接口以下砧木上的不定芽和隐芽受到刺激不断发出大量新芽，要不间断地抹去砧木上萌发的芽和新梢。待接穗新梢长至25cm，用锋利的小刀轻轻划破最外层薄膜条，可使薄膜条随着苗木的生长自行脱落（图1–22）。此后，在接穗生长过程中，及时除萌十分重要，也是嫁接苗成活后能否成苗的关键。

2.2.3.2　夏秋季芽接

芽穗制作：以接穗上一饱满芽为中心，用嫁接刀切断上下左右皮层；切制长3～4cm、宽1～1.5cm的芽块接穗（图1–23–1）。取芽片时由一侧纵向刀口轻轻揭下，注意将芽基生长点一并取下。

砧木制作：在砧木距地面15～20cm处，切削出1个与芽片大小基本相同或稍大些的切口，取下皮层（图1–23–2）。同时，一侧的纵向刀口向下延伸，形成1个长1.5～2.5cm、宽约2mm、深达木质部的导流道，用于排放伤流液；导流道是夏秋季芽接成活的关键。

图1-22　春季枝接——插皮舌接过程（尚旭岚、丰采 摄）
（1.砧穗结合；2.绑扎；3.嫁接苗成活；4.去除绑扎带）

嫁接：将接芽贴在砧木切口上，使芽片和砧木切口至少有一侧对齐；嫁接时尽量使接芽内侧紧贴砧木嫁接面（图1-23-3），以提高成活率；最后用薄膜条绑扎芽片，9月前嫁接将芽体露在外面，9月后嫁接将芽体包扎进去。另外，包扎时需让导流道留露在外，有利于排放伤流液（图1-23-4）。

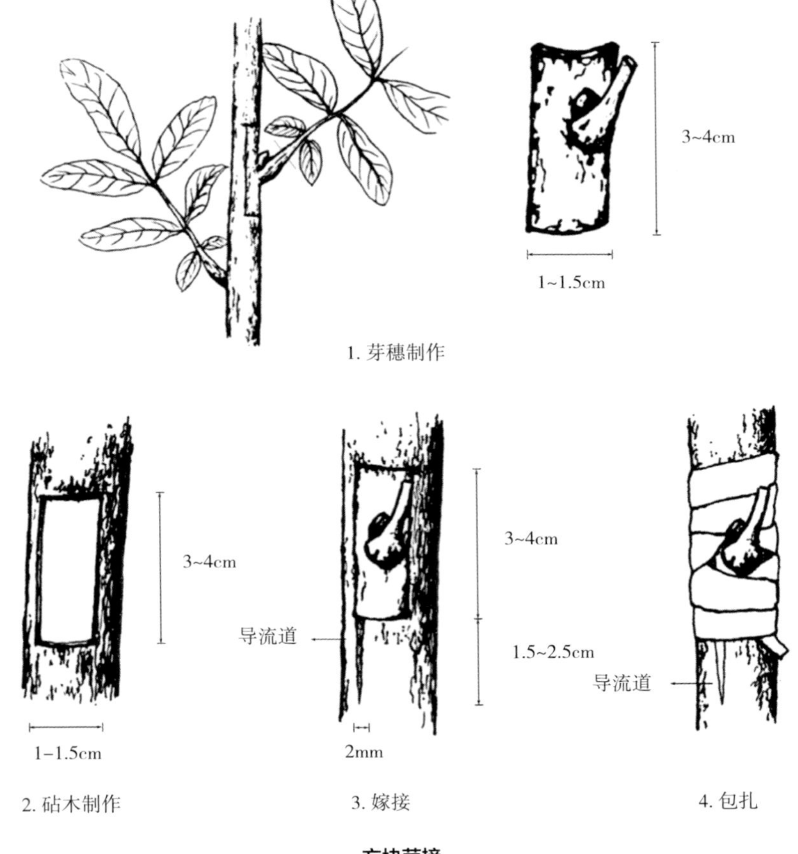

方块芽接

图1–23　青钱柳夏秋季方块芽接示意图（徐展宏、朱莹 绘制）

接后管理：嫁接后7d内不浇水，以免伤流过多影响成活。嫁接后15～20d，在已成活的接芽另一侧纵向轻轻划破薄膜，不要伤及砧木皮层，让绑扎的薄膜自行脱落。嫁接成活后（叶柄一触即掉表明嫁接成活），剪除砧木枝条，仅在接口以上保留2～3片复叶为接穗的秋季生长提供养分，以提高接穗的冬季越冬抗寒能力，也避免砧木对接穗生长的抑制。次年接芽萌动后剪除砧木上的所有枝条，并及时除萌（图1–24）。

图1-24　青钱柳夏春秋季芽接过程（尚旭岚 摄）
（1.芽砧接合；2.绑扎；3.剪砧；4.次年成活接芽抽梢）

2.2.4　苗期管理

嫁接成活后应及时解除绑扎带。另外，由于青钱柳的萌发能力强，嫁接成活后砧木基部易产生大量萌条，及时除萌是嫁接苗成活的关键所在。特别要注意的是，接穗成活后，其生长十分迅速，且易倒伏，需在砧木旁设立支架，保证主干生长的直立性，同时以防风折（图1-25-2）。水肥管理参照苗木常规水肥管理即可。

总体来说，春季枝接和夏秋季芽接各有优势，两种方法嫁接时间相互错开，可以提高年嫁接苗的生产数量。青钱柳春季枝接成活率可达80%，嫁接成活后新梢生长旺盛，当年高可达1m以上，嫁接当年即可出圃。春季枝接需注意的是要选择适宜的嫁接时间，树液流动后

图1-25　青钱柳嫁接后的管理（尚旭岚 摄）
（1.除萌；2.搭立支架）

嫁接，伤流严重会大大影响嫁接成活率。此外，接穗具有明显的位置效应，从侧枝上取接穗进行嫁接，新梢斜向生长现象比较严重，需及时设立支架固定新梢，避免形成偏冠。青钱柳夏秋芽接持续时间长，接穗材料比较丰富，其成活率可达70%～80%；当年嫁接时间以成活但芽不伸长为宜，次年接芽萌动后剪除砧木上所有枝条，新梢即可快速生长成苗。同样要注意的是，夏秋季芽接时间十分重要，若过早嫁接，接芽当年萌发，冬季不能及时木质化，易遭受冻害；若嫁接太晚，砧穗皮层均不易分离，从而降低嫁接成活率。

3 移植技术

在南亚热带水热条件比较好的地区，如江西、湖南、湖北、广西和贵州等地，一般情况下，青钱柳1年生苗木规格可达到造林要求，不需移植。但在水热条件相对较差的地区，如浙江、安徽、江苏、陕西和河南等地，1年生苗木规格较小，不能满足造林所需，常需留床继续培育1年才能用于造林。如培育砧木，则需进行移植。由于青钱柳根系主根发达，侧根相对较少，未移植苗侧根根系较差；通过移植，可促进侧根的萌发，从而提高嫁接成活率和嫁接苗的生长潜力。

3.1 裸根苗移植

3.1.1 移植地准备

苗床准备可参照裸根苗培育中圃地准备和作床的要求，苗床宽度可适当放宽至150cm。

3.1.2 移植密度和次数

由于胡桃科植物移植后出现明显的“蹲苗”现象，移植苗成活后当年的生长量极小，需到第二年才能恢复生长，因此移植后一般需继续培育2～3年。基于此，移植苗的株行距可调整至株距50～80cm，行距为80～100cm。

3.1.3 移植时间

可采用秋季移植和春季移植。秋季移植一般在当年生苗进入生长后期至休眠期前进行。此时移植可使移植苗在进入休眠前根系成活，缩短移苗后的“蹲苗”时间，有利于翌春的快速恢复，但要注意早霜的危害，需采用适当的防寒措施。春季移植需在树液流动前进行，展叶后不宜移植，展叶后移植需修剪掉展开的嫩叶。

3.1.4 移植方法和技术

由于青钱柳是深根性树种，幼苗的主根粗壮且很长，侧根稀少且细弱。起苗时注意保留主根长30～50cm；起出后适当修剪，特别要剪除劈裂、破皮的根系，地上部分大的分枝也要剪除，保留单个主干。

起苗后需参照表1-1进行苗木分级、捆扎，尽可能做到随起随栽；如需长途运输或短时贮藏，需对根系进行蘸泥浆，或用保水剂或湿蒲包进行保湿处理，并避免阳光直射。

移植穴要求不小于30cm × 30cm × 30cm，在穴底施放0.5kg腐熟基肥，上盖一层表土。移植时确保不窝根，栽好后扶正、踩实，再回填表土。栽好后立即浇透定根水，此后根据天气情况每隔1～2d再浇水2次。成活期根据天气情况适时浇水，以保证成活；条件允许的地区可采用滴灌。在大风地区需搭三脚架，以防风倒。

表1-1 青钱柳苗木质量分级表

苗木种类	等级	苗龄（a）	地径（cm）	苗高（cm）	根系长度（cm）	＞5cm长Ⅰ级侧根数	综合控制指标	适用范围
裸根苗	Ⅰ	1-0	≥1.0	≥90	≥25	≥25	苗干通直，顶芽饱满，充分木质化，无病虫害	赣、鄂、贵、湘、闽、两广
	Ⅱ	1-0	0.8～1.0	60～90	15～20	20～25		
	Ⅰ	1-0	≥0.8	≥80	≥25	≥25	苗干通直，顶芽饱满，充分木质化，无病虫害	皖、苏、云、川、浙、陕、豫
	Ⅱ	1-0	0.6～0.8	60～80	15～20	20～25		

（续）

苗木种类	等级	苗龄（a）	地径（cm）	苗高（cm）	根系长度（cm）	>5cm长Ⅰ级侧根数	综合控制指标	适用范围
容器苗	Ⅰ	1–0	≥0.6	≥60	—	—	容器无破损；苗干通直，顶芽饱满，充分木质化，无病虫害	皖、苏、云、川、浙、陕、豫
	Ⅱ	1–0	0.4～0.6	40～60	—	—		

3.1.5 栽后管理

由于青钱柳侧根不发达，又对水分十分敏感，因此移植之初可适当遮阴，并进行精细的水分管理。同时，由于"蹲苗"现象，移植当年生长量极小，且容易出现顶芽枯死现象，从而萌发大量侧枝；为了培养粗壮主干，需适当控制侧枝数量。

3.2 容器苗移植

与裸根苗移植相似的是：当1年生容器苗规格达不到造林用苗要求，或需继续培育大规格容器苗，则需更换大规格容器或直接移植到圃地。除培育大苗外，一般容器苗移植后只需再继续培育1年即可达到用苗要求。

3.2.1 移植地准备

容器苗育苗地准备参照2.1.3容器苗培育的内容，如直接移植到圃地可参照3.1.1内容。

3.2.2 容器的种类及规格

推荐使用无纺布袋容器。移植后只培育1年所用容器规格为装填后直径为12cm、高为16cm的无纺布袋容器；移植需培育大规格容器苗可根据苗木的培育目标规格选择容器，建议使用适宜规格的育苗袋。

3.2.3 基质配制

育苗基质配制可参照2.1.3.3育苗基质配制和消毒的内容，即黄心土：珍珠岩：草炭土：有机肥（有机质≥45%，$N+P_2O_5+K_2O$≥5%）的体积比为2：2：4：2或2：2：3：3；也可适当进行改良，黄心土：草炭土：有机肥的体积为5：3：2。

3.2.4 移植技术

由于1年生容器苗已有完整的根团，移植相对简单。移植无纺布袋培育的容器苗时，只需去掉原容器，换到大容器并填满基质即可，注意保持根团的完整性。移植塑料容器培育的容器苗时，因存在比较严重的盘根现象，需适当修剪盘旋根系。如果是将裸根苗移植到容器中，则需重修主根，保留根长12～14cm。移植时需使苗木保持直立且居中，移植后立刻浇透水，此后连续浇水1周。

3.2.5 栽后管理

具体管理可参照2.1.3.5苗期管理。在培育过程中需按照生长发育阶段及时调整容器间的距离，控制向下窜根并保证苗木生长所需空间。

4 管护技术

4.1 施肥

青钱柳根系形成后苗木生长快，对氮肥的需求量较大。因此在速生期，即6～8月通过多频次施用低浓度速效肥，进行叶面喷施或浇施，可显著提高1年生苗的生长量，提高合格苗出圃率。

4.2 水分管理

青钱柳既不耐水湿又喜湿润环境，因此水分管理是育苗成功与否的关键。生产中推荐采用设施育苗，设施主要包括遮阴网和喷灌设施；也可在林下育苗，利用林下湿润小气候创造育苗环境。需要特别注意的是，要保持排灌通畅，保证不积水、适时浇水。

4.3 病虫害防治

苗期病虫害不多，以防为主。主要有：①地老虎，在幼虫发生盛期，用50%辛硫磷乳油1000倍液进行地面喷施。②蜡蝉，在冬季刮除越冬卵块；在6～8月若虫发生盛期，喷洒50%马拉硫磷乳油1000～2000倍液或20%磷胺乳油1500～2000倍液。

4.4 其他可能出现的风险预防

青钱柳苗木移植后，早春低温干旱易造成顶芽枯死，促使侧芽萌发。如苗木用于培育行道树或营造用材林，则需注意修剪保持单个主干；如用于营造叶用林，剪除枯死主干即可。

5 苗木质量

目前青钱柳苗木质量评价主要以形态指标为主。育苗方式对苗木的形态指标影响较大，尤其是根系形态指标。而根系是造林成活的关键，尤其对于现有可选造林用地来说，普遍存在土层薄、养分匮乏的问题。因此要求造林用苗要有完整发达的根系、足够的苗木高度和粗度则可增加与杂草的竞争能力，从而提高造林成活率。

由图1-26可以看出，裸根苗主根发达，但侧根较少；塑料袋容器苗主根也发达，但盘根现象突出，侧根数量比裸根苗稍多；而无纺布袋容器苗根团结构好，无明显主根，侧根和须根十分发达。

相比较3种苗木类型，裸根苗的高生长显著大于容器苗，平均高出10～20cm；裸根苗的地径生长特点与高生长相似。

根据多年的生产积累和各地的数据调查，青钱柳苗木质量根据形态指标即可进行质量分级，但苗木等级需根据育苗方式和适用地区进行划分（表1-1）。达到表1-1中I级和II级的裸根苗均可用于造林，适用于水热条件较好的地区造林；容器苗需达I级才能用于造林，适用于水热条件较差地区或立地条件较差地区造林，而II级苗需继续培育1年。

图1-26　不同育苗方式培育的青钱柳苗木根系特征（洑香香 摄）
（1.裸根苗；2.塑料袋容器苗；3.无纺布袋容器苗）

6 苗木出圃

6.1 起苗时间

11月下旬，苗木地上部分生长停止后，按GB/T 6001-1985的苗木调查方法，分别调查苗木产量和质量。起苗时间根据造林时间而定，可在秋季生长后期和休眠前，或可在春季树液流动前起苗，尽可能做到随起随栽。

6.2 起苗与分级

裸根苗：起苗前1～2d，圃地要浇透水；起苗时，用齿耙挖苗，注意保护根系。起苗后根据表1–1进行分级，每10～50株成1捆，并悬挂标签（图1–27）。

容器苗： 起苗时注意保持容器内根团完整，防止容器破碎。穿出容器的根系用修枝剪剪断，不能硬拔以免撕裂根系。根据表1–1进行分级，每50株装成一箱，并悬挂标签。

图1–27　裸根苗起苗、修剪和分级（陈士强、尚旭岚 摄）

6.3 包装运输

包装完好的苗木适合长距离运输。包装要求做到：苗木分级成捆后，用塑料袋将整捆根系包扎保湿。包装好的苗木装车后，需用篷布盖住车厢顶部，防止苗木在运输过程中严重失水；宜在气温低的阴雨天或晚上运输。

6.4 苗木贮藏

移植或造林时采用随起随栽的原则；当天栽不完的苗木，须放在荫蔽处或临时假植。但该树种不适宜长时间贮藏。

第2部分

示范苗圃

PART 2

1 南京林业大学白马科研教学基地

1.1 苗圃概况

南京林业大学白马科研教学基地位于江苏省南京市溧水区白马镇，区内自然环境与生态条件好，多为低山丘陵，最高海拔达204.7m。年平均气温15.5℃，无霜期224d，年降水量1134mm，雨热同季，属于北亚热带季风气候区，冬季干冷，夏季湿热，四季分明，日照充足，雨量充沛，无霜期长，水资源比较丰富。土壤为黄棕

图2-1　南京林业大学白马科研教学基地种质资源库（尚旭岚 摄）

壤，pH 6.3～6.5，有机质含量为1.5%左右。基地总面积3300亩，青钱柳课题组在基地内建立了种质资源库（入选为江苏省首批林木种质资源库）、优良种源家系测定林和苗木高效培育示范区。

截至2020年，南京林业大学青钱柳课题组从自然分布区内收集到51个种源296份种质资源。种质资源库生长状况良好，并已经开花结实，成为重要的种子来源，为青钱柳的苗木培育提供资源保障（图2–1）。

青钱柳种质资源库附属区（青钱柳优良叶用种源家系测定林120亩）设置在溧阳市新昌镇大山下村江苏陶峰观光农业发展有限公司。该区除了作为种质资源库外，还建立了青钱柳-白茶的复合经营模式（图2–2）。

图2–2　青钱柳-白茶复合经营模式（尚旭岚 摄）

1.2 苗圃育苗特色

南京林业大学白马科研教学基地依托林学院、生物与环境学院和风景园林学院的科研平台，在苗木培育方面具有完善和先进的技术优势和资源优势。从容器育苗、扦插育苗、嫁接育苗到组培育苗，不仅技术成熟，且大部分已在生产实践中大规模推广应用。同时，该基地所涉及的树种繁多，如用材树种有马褂木、杉木、柳杉、杨树等，观赏树种桂花、樱花、海棠、冬青、金叶女贞、四照花、美国红栎、乌桕等，经济林树种有青钱柳、美国山核桃、蓝莓、黑莓等。因各树种的育苗技术各具特色，育苗理论和技术也涵盖了各个层面。比较有代表性的有通过体胚发生技术培育的杂交马褂木苗木，高接换冠培育的金叶女贞、北美冬青等，具有独特嫁接技术的美国山核桃、青钱柳和四照花等。此外，白马基地还具有完善的设施育苗区，包括3000m^{2}智能玻璃温室、2000m^{2}连栋大棚、2000m^{2}扦插池和3000m^{2}遮阴棚，可以充分满足不同类型的苗木育苗方式。智能玻璃温室是马褂木组培育苗区，塑料大棚是难生根树种的扦插育苗区，而阴棚下既是扦插育苗区，也是容器育苗区。

1.3 苗圃育苗优势

青钱柳是该基地培育的主要研发树种之一。经过多年的摸索和优化，打破青钱柳种子休眠的方法已十分成熟：从最初种子需层积2年才能萌发，现可通过激素浸泡加层积处理实现了第2年种子大量萌发，大大缩短了育苗周期。育苗方式上，最初的圃地育苗就已获得了成功；但由于白马基地土壤十分黏重，不透气不透水，养分也十分匮乏，圃地苗的生长受到影响，1年生苗达不到造林标准。为了促进贫瘠土壤上青钱柳苗木的生长，通过各种改土方法改善土壤条件，如通过冻垡、拌沙、施入醋糟等改良土壤透性；通过增施有机基肥、生物菌肥套种绿肥如三叶草、黄豆、花生等提高土肥力（徐子恒等，2020）。此外，通过提高圃地管理技术，如采用切根去除主根的顶端优势，促进侧根萌发从而改善根系指标；容器育苗技术则通过优化育苗基质配比，利用无纺布袋的空气修根原理大大改善容器苗的根系，显著提高了困难立地上的造林成活率和幼苗的生长（Tian et al., 2017）。由于江苏是青钱柳分布的北缘，年生长周期较中心分布区短，但通过设施育苗可明显延长年生长周期，使1年生苗的规格也可以达到造林用苗的要求。

迄今为止，基地已形成了完善的青钱柳育苗技术体系，累计培育苗木几十万株；在此基础上，制定了林业行业标准《青钱柳育苗技术规程》（LY/T 2311–2019）、江苏省地方标准《青钱柳播种育苗技术规程》(DB 32/T 1965–2011)和《青钱柳用材林培育技术规程》(DB 32/T 1964–2011)，申请并获得多项国家发明专利，出版了《青钱柳种子生物学研究》和发表了大量的科研论文，并且将相关技术制作成生产小册子发放给林农。此外，通过各类项目在基地上的实施，包括国家林草局推广项目和江苏省三新工程等多个项目，培训了大量的青钱柳育苗技术人才，使该树种的育苗技术在全国全面开花，成绩斐然。更重要的是，通过召开两届中国青钱柳论坛会议、创建青钱柳国家创新联盟及联盟网站（www.cnqql.com），不仅提高了基地在全国的影响力，也大大提高了青钱柳的知名度（图2–3）。

图2–3　南京林业大学白马青钱柳苗木培育基地（拍摄人：杨万霞）

2 贵州侗乡红农业发展有限公司

2.1 苗圃概况

贵州侗乡红农业发展有限公司位于黎平县中潮镇境内，是黎平县境内规模较大的苗木培育单位。公司年生产能力在1000万株以上，年平均出圃苗木达500万株以上，年产值在600万元以上。生产经营以特色经济林苗木为主，主要产品有茶叶、油茶、钩藤、蓝莓、青钱柳等；其中茶叶、油茶、钩藤苗木的质量管理体系、环境管理体系、安全健康管理体系均已获世标认证。多年来，公司为黎平县林业产业建设及扶贫领域提供大量特色经济树种苗木，为山区群众脱贫致富作出贡献，因此荣获贵州省林业局认定的省级林业龙头企业、贵州省农业产业化联席会议认定省级农业产业化龙头企业，也是黔东南州扶贫龙头企业；2017、2018年两个年度成为黎平县扶贫产业青钱柳苗木供应商；2020年被黎平县林业局推荐为贵州省保障性育苗单位。

2.2 苗圃育苗特色

本公司的育苗特色主要体现在：①重点培育林业、农业产业建设中的特色经济树种苗木，为不同时期产业建设提供优质苗木保障；②育苗技术较为先进，无性系育苗、轻基质容器育苗、自动喷灌育苗、温室大棚育苗方面走在前列，是当地育苗龙头企业；③苗圃基础设施完善、具备先进的育苗设施设备；④具有先进的生产管理技术，苗圃基地基本实现规模化、标准化、科学化的生产管理。

2.3 苗圃育苗优势

青钱柳苗木培育是苗圃的重要任务之一，从2013年开始育苗，截至2020年，已培育苗木近50万株。苗圃在青钱柳种子的催芽处理方面的技术十分成熟，并创建了两段育苗技术，即先培育芽苗，待苗木出土长至10cm（或3～4叶）左右再移植到大田。这种育苗方式不但较好地控制了育苗密度，同时在芽苗移植时通过修剪主根，改善了裸根苗的根系状况，而且显著提高了1年生苗的苗高和地径的生长量，提高了苗木的整体质量（图2-4）。

图2-4 贵州侗乡红农业发展有限公司青钱柳苗木培育（吴运辉 摄）

3 江西省万年县鑫叶青钱柳苗木繁育基地

3.1 苗圃概况

苗圃坐落在万年县梓埠镇椒源村委毛公山，紧靠国家二级水利风景区群英水库，总占地面积260亩，其中苗圃区面积56亩。苗圃地地势平坦，土质疏松，土壤类型为红壤土，排水性能良好，路面顺畅，经过多年改良，土壤有机质丰富，非常适合青钱柳苗木繁育。基地连栋大棚面积约有700m^2，连排立柱式遮阴网棚面积有10000m^2；有配套水域面积15亩，建有蓄水池200m^3，有较为完善的水肥一体化滴灌系统；安装有左岸智慧农业物联网系统一个，有微型传感气象站两个、高清监控摄像头8个。另外，配套养殖场一个，可养殖鹅、鸭、鸡家禽2万余只，有大量腐熟的有机肥可满足育苗肥料所需。基地进出交通方便，建有晒场1300m^2，有仓库1000m^2。

3.2 苗圃育苗特色

江西为青钱柳发源地之一，青钱柳产业发展具有广阔的应用前景，在本省苗木市场中具有较好的市场定位。作为青钱柳中心分布区的育苗基地，苗圃所在地气候适宜、水热条件好，有利于青钱柳苗木培育。因青钱柳天然资源丰富，因此育苗用种子来源充足，主要采收于江西境内的修水、靖安、铜鼓一带以及上饶市铅山、横丰等地的天然林分；而且种子质量总体较好。在育苗技术上，不仅有江西农业大学林学院及江西省林业科技推广总站的专家、教授提供技术指导，而且当地有一大批经验丰富的育苗能手。经过多年青钱柳苗木培育的经验积累，形成了成熟的苗木培育技术体系，包括解除种子休眠技术、芽苗移植技术等；培育的苗木质量好，平均年出圃率可达70%以上，既深受广大种植户喜爱，又获得了可观的经济效益（图2-5）。

图2-5　江西万年县鑫叶青钱柳苗木繁育基地苗木培育特色（陈章鑫 摄）

3.3 苗圃育苗优势

苗圃只培育青钱柳苗木，以供周边营造人工林用苗所需。苗圃位于低山丘陵地区，地势比较平坦，适合青钱柳喜光怕涝的特性；苗圃内沟渠配套完善，排灌能力好，可保证雨季不积水、旱季有供水保障。土壤经过改良透水性较好，配套养殖产生的大量有机粪肥，以及青钱柳叶用林修剪及各种农林废弃物，为育苗提供了充足的有机质肥源。

从2013年开始至今，基地共育苗110万株左右，加上合作基地铜鼓县的有500万株。

4 湖北省五峰瀚林林业开发有限公司苗圃

4.1 苗圃概况

苗圃位于湖北省五峰土家族自治县境内，是一家专门从事珍稀苗木培育的专业苗圃基地。苗圃面积约300余亩，有技术人员6名；有数十年苗木生产、培育及栽种经验。

4.2 苗圃育苗特色

五峰瀚林林业开发有限公司苗圃依托本县的生态及苗木树种优势，培育树种均为国家一、二级保护植物，均具有较高的观赏、经济和研究价值。主要树种有珙桐、伯乐树、连香、香果树、金钱槭、红豆杉、红花玉兰、青钱柳、白辛等。该苗圃从事苗木培育多年，了解不同树种苗木生长特性，可针对性培育多种苗木，具有较强的专业技术特性。在多年的生产实践中，对主要树种苗木的生产基本做到了标准化、规模化和生态化。

4.3 苗圃育苗优势

五峰瀚林林业开发有限公司苗圃从事青钱柳育苗已有十几年的历史。近几年每年苗木出圃数量均在百万左右；1年生苗木高度在40～100cm之间，90%以上均为优良苗木。2018年北京园博会展出的青钱柳，也由该苗圃提供。在青钱柳苗木培育上，苗圃具有显著优势（图2-6）。

图2-6　湖北五峰瀚林林业开发有限公司苗圃（陈士强 摄）

一是种源的优势。苗圃所在地为五峰土家族自治县，物种丰富，被联合国教科文组织赞为“动植物基因库”；县内青钱柳群落分布较多，不仅种子来源丰富，种子质量也较好；另外，还可选定优良种源采收种子并育苗，培育的苗木具有明显的生长优势。

二是技术优势。该苗圃从2008年开始培育青钱柳苗木，摸索出了打破种子休眠的独特技术，可以做到秋季采收的种子翌春出苗。针对青钱柳种子大小年的特性，将大年通过沙藏方法储备用于小年之需。

三是独特的区位气候优势。苗圃位于海拔850～1000m的武陵山区，是青钱柳最适宜生长的海拔区间，少有病虫害发生。苗圃培育青钱柳10多年，从未发生过大型的病虫害。

第3部分

育苗专家

PART 3

1 洑香香

（1）联系方式

教授、博导，南京林业大学林学院
电话：025-85427403（办公室）；13851741450（手机）。
Email: xxfu@njfu.edu.cn; xxfu@njfu.com.cn。

（2）学习工作经历

于1991年获得南京林业大学林学专业学士学位，同年就职于该校树木园任助理工程师；于1996-1999年在职学习获得南京林业大学林木遗传育种专业硕士学位，同时到本校林学院森林培育学科种子中心（亦为国家林业局南方林木检测中心）工作，并承担国家种苗质量的监督抽查工作；于2002-2006年继续在林木遗传育种专业深造并获得博士学位，同年晋升为副教授；于2012年晋升为教授，2013-2014年赴加拿大UBC访学1年，期间多次与BC省林木种苗生产企业、林木遗传改良机构和林木种子检测中心进行交流学习，并建立合作关系。

（3）在苗木培育方面的成就

工作以来，长期从事种苗生产、教学和科研工作。在该校树木园工作10年间，从事种苗生产，主要包括培育和推广的林木新品种，如杨树优良无性系、杂种马褂木、悬铃木等苗木的规模化培育；进入到教学领域，从事森林培育学、种苗学、设施栽培学等与苗木生产相关的课程教学；同时，致力于全国种苗质量的监督抽查。现阶段着重研究的树种主要有山茱萸科四照花属树种、青钱柳、黑荆树、红翅槭等植物的种子特性、苗木培育及其开发利用工作，并形成了成熟的苗木培育技术体系。承担的相关课题有：国家自然科学基金“雌雄异型异熟青钱柳性别分化及其异熟机理研究”、江苏省高技术研究计划“高效青钱柳优良新品种选育及其无性系化”、多项林业行业标准和地方标准、948项目“观赏型北美四照花类种质资源及繁育技术引进”、国家林业公益性行业科研专项的子课题“黑荆树组织培养技术研究”、国家林业局林业科学技术推广项目“青钱柳苗木标准化生产及其叶用林定向培育技术示范”、江苏省林业科技推广项目“观赏型四照花种质资源驯化、繁殖及示范推广”、江苏省农业科技自主创新资金项目子课题“江苏重要乡土树种种质资源收集与评价”、江苏省重点研发计划（现代农业）重点项目“多功能树种青钱柳新品种选育及定向培育技术体系构建”等项目（图3-1）。

图3-1　洑香香教授工作现场
（1.青钱柳培训；2.青钱柳叶用林；3.现场指导；4.资源调查）

（4）出版著作、发表文章、专利

迄今为止，发表论文100余篇，其中SCI收录20余篇；出版专著6部；制（修）订国家、行业和地方标准7个；获得授权发明专利6个。青钱柳相关研究成果如下：

- 朱莹，田力，尚旭岚，泶香香. 树形管理对青钱柳生长和生物活性物质含量的影响[J]. 经济林研究，2021，39（2）：171–180.
- Wang ZK, Xu ZH, Chen ZY, Kowalchuk G A, Fu XX, Kuramae E E. Microbial inoculants modulate growth traits, nutrients acquisition and bioactive compounds accumulation of *Cyclocarya paliurus* (Batal.) Iljinskaja under degraded field condition[J]. Forest Ecology and Management, 2021, https://doi.org/10.1016/j.foreco.2020.118897.
- 田力，徐骋炜，尚旭岚，泶香香. 青钱柳药用优良单株评价与选择[J]. 南京林业大学学报（自然科学版），2021，45（1）：21–28.
- 王志康，徐子恒，陈紫云，泶香香. 有机肥和解磷固氮菌配施对缺碳黄棕壤养分特性的协同效应[J]. 应用生态学报，2020，31（10）：3413–3423.
- 徐子恒，王志康，陈紫云，泶香香. 生物菌肥对青钱柳根构型和根系形态的影响[J]. 中国土壤与肥料，2021（4）：258–266.
- Chen XL, Wang Y, Zhao H, Fu XX. Localization and dynamic change of saponins in *Cyclocarya paliurus* (Batal.) Iljinskaja[J]. PLoS ONE, 2019, 14(10): e0223421. doi:10.1371/journal.pone.0223421
- Wang ZK, Chen ZY, Xu ZH, Fu XX. Effects of Phosphate–Solubilizing Bacteria and N2–fixing Bacteria on Nutrients Uptake, Plant Growth and Bioactive Compounds Accumulation in *Cyclocarya paliurus*[J]. Forests, 2019, 10, 772; doi:10.3390/f10090772

■ Wang ZK, Chen ZY, Fu XX. Integrated Effects of Co-Inoculation with Phosphate-Solubilizing Bacteria and N2-Fixing Bacteria on Microbial Population and Soil Amendment under C Deficiency[J]. International Journal of Environmental Research and Public Healthy, 2019, 16, 2442; doi:10.3390/ijerph16132442

■ Mao X, Fu XX, Huang P, Chen XL, Qu YQ. Heterodichogamy, Pollen Viability, and Seed Set in a Population of Polyploidy *Cyclocarya Paliurus* (Batal) Iljinskaja (Juglandaceae)[J]. Forests, 2019, 10, 347; doi:10.3390/f10040347.

■ 方升佐, 尚旭岚, 洑香香. 青钱柳种子生物学研究[J]. 北京：中国林业出版社，2017.

■ 方升佐, 尚旭岚, 杨万霞, 洑香香, 唐赣成, 刘志术, 钱滕. 青钱柳育苗技术规程（LY/T 2311-2019）. 北京：中国标准出版社，2019.

■ 洑香香, 成圆, 尚旭岚, 张洋, 方升佐, 杨万霞. 一种青钱柳不定芽诱导及继代增殖培养方法[P]. 2020-8-28，专利号：ZL 201910591809.9.

■ 洑香香，张洋，程锦萍，成圆，尚旭岚，方升佐. 一种促进青钱柳愈伤组织生长和次生代谢产物积累的培养方法[P]. 2020-9-16，专利号：ZL 201910774736.7.

■ 杨万霞, 方升佐, 尚旭岚, 洑香香. 一种打破青钱柳种子休眠的方法[P]. 2019-03-01, 专利号：ZL 2016 1 0515536.6.

2 柏明娥

（1）联系方式

研究员，浙江省林业科学研究院

电话：0571-87798232（办公室）；13094817920（手机）。

（2）学习工作经历

1988年浙江工业大学化工机械与设备专业大学本科毕业，2007年北京林业大学农业推广硕士在职研究生毕业。1988年7月参加工作，就职于浙江省林业科学研究院，主要从事森林资源培育与开发利用技术研究。

（3）在苗木培育方面的成就

通过承担浙江省科技厅项目“青钱柳种苗关键技术研究与示范”和“叶用青钱柳定向培育技术研究与产品开发”，主要开展了青钱柳在浙江省的自然分布和生物学、生态学特性，揭示了其种子空瘪率高、自然更新能力弱的形成机理，研究提出了青钱柳破除种子休眠的综合处理技术、播种育苗和扦插育苗技术及高效人工栽培技术。通过项目实施培育青钱柳苗木3万多株，分别在浙江衢州、淳安、遂昌、缙云等地建立青钱柳人工培育示范基地1000多亩。研究成果分别获得浙江省科技兴林一等奖1项和二等奖1项（图3–2）。

图3–2　柏明娥研究员

（4）出版著作、发表文章、专利

- 柏明娥，杨柳，徐高福，王丽玲，王衍彬，刘本同. 土壤养分与青钱柳叶营养成分间的相关性分析[J]. 中国林副特产，2018，06: 5–8.
- 黄宏亮，柏明娥，方建华，陈秀娟，张都海，沈建军. 青钱柳播种育苗及苗期生长特性研究[J]. 山东林业科技，2015，45(02):40–42+13.
- 方建华，柏明娥，朱杭瑞，徐高福，沈建军，陈秀娟. 青钱柳幼苗对土壤水分的生长及生理响应[J]. 浙江林业科技，2015，35(06): 40–44.
- 徐高福，柏明娥，余启新，丰忠平，卢忠诚，章德三. 低密度青钱柳人工林生长规律与生物生产力[J]. 林业资源管理，2016，02: 87–92+120.
- 柏明娥，方建华，徐高福，沈建军，陈秀娟. 青钱柳光合作用日变化和光合响应特征[J]. 浙江林业科技，2016，36(01): 1–5.
- 柏明娥，方建华，朱杭瑞，徐高福，洪利兴，陈秀娟. 一种青钱柳苗木繁殖方法[P]. 2016–01–06，专利号：ZL2015 1 0561863.0.
- 柏明娥，徐高福，吴锋祥，王丽玲，刘本同，余明华，何俊. 一种青钱柳密植矮化高产栽培技术[P]. 2018–04–17，专利号：ZL2017 1 1246752.6.

3 吴运辉

（1）联系方式

正高级工程师，贵州省黎平县林业局
通信地址：贵州省黎平县德凤街道平街5号，邮编557300。
电话：13508558731。

（2）学习工作经历

1989年毕业于贵州省林业学校林学专业，1999年获得贵州省委党校经济管理函授大专，2016年获得西南林业大学林学专业函授本科。历任黎平县国营花坡林场技术员，黎平县林业局林业科技推广站任林业助理工程师，黎平县国营东风林场任副场长、工程师，黎平县林业局种苗站站长，黎平县营林管理局局长、高级工程师；现任黎平县林业局总工程师、研究员（图3-3）。

（3）在苗木培育方面的成就

长期从事林木苗木培育工作。先后开展了马尾松切根育苗、鹅掌楸两段育苗的技术研究及推广，尤其在木兰科等名贵园林绿化树种方面积累了大量育苗经验。研究成果《鹅掌楸苗木培育关键技术研究》

图3-3　吴运辉正高级工程师工作现场

曾获黔东南州科技进步三等奖，主持制定贵州地方标准《鹅掌楸两段育苗技术规程》（DB52/T918–2014）。现阶段在油茶、青钱柳等特色经济树种苗木方面开展了研究和推广，指导生产的油茶良种苗木达1000万株以上，青钱柳苗木200万株以上；参与制定了贵州地方标准《油茶苗木培育技术与质量标准》（DB52/T1023–2015）、《西南红山茶和怒江山茶优树选择技术规程》（DB52/T1020–2015）、《黔东南州油茶良种采穗圃营建技术规程》（DB5226/T67–2016）等。承担了黔东南州科技局项目《青钱柳苗木培育技术研究》和贵州省科技厅林木项目《油茶良种培育及大小年结果调控技术研究》及地方标准制定计划《青钱柳育苗造林技术规程》（黔质技监〔2017〕142号）。

（4）出版著作、发表文章、专利

- 吴运辉，杨序成. 鹅掌楸两段育苗技术[J]. 林业科技开发，2008(06):109–111.
- 吴运辉，朱敏. 鹅掌楸育苗技术研究初报[J]. 林业实用技术，2010(11):28–29.
- 刘蓉蓉，吴运辉. 芽苗移栽技术的运用对促进鹅掌楸苗木质量提高的影响[J]. 种子，2011，30(09):121–123.
- 吴运辉，姜芝琼，杨承荣. 青钱柳简易育苗技术[J]. 种子，2017，36(06):128–129.
- 吴运辉，姚渊，朱敏，杨承荣. 青钱柳育苗技术研究初报[J]. 种子，2018，37(04):132–134.
- 吴运辉，袁丛军，丁访军，付品，陈波涛. 青钱柳苗木质量分级初步研究[J]. 种子，2018，37(06):124–126+131.

4 尚旭岚

（1）联系方式

副教授，南京林业大学林学院
电话：13770653463。

（2）学习工作经历

2000年于四川农业大学林学园艺学院获得学士学位，2003年于四川农业大学林学园艺学院获得森林培育硕士学位，2007年获得南京林业大学森林培育博士学位并留校工作，于2015年晋升副教授（图3-4）。

图3-4　尚旭岚副教授工作现场
（1.青钱柳培训；2.青钱柳种子层积；3.现场指导；4.青钱柳古树资源调查）

（3）在苗木培育方面的成就

就读博士以来一直从事青钱柳种苗繁育与人工林定向培育研究。2003年进入南京林业大学青钱柳研究团队，首先开展了青钱柳种子休眠机理的研究，通过探索，总结出了一套快速解除青钱柳种子休眠的技术。此后承担或参与青钱柳相关的国家和省级项目多项，在青钱柳大田播种育苗、容器育苗、扦插繁殖、嫁接繁殖、组织培养以及人工林定向培育方面开展了全方位的研究。参与编写专著一部《青钱柳种子生物学研究》；主持和参与制订了多项青钱柳相关的地方标准和林业行业标准，包括《青钱柳播种育苗技术规程》（DB 32/T 1965-2011）、《青钱柳育苗技术规程》（LY/T2311-2019）、《青钱柳叶用林培育技术规程》（DB32／T 3807-2020）和《青钱柳用材林培育技术规程》（DB 32/T 1964-2011）；参与申报了多项发明专利，包括《青钱柳嫩枝扦插繁殖方法》（2011 10006139.3）、《一种打破青钱柳种子休眠的方法》（201610515536.6）和《一种用于减肥的青钱柳肚脐贴》（201610694988.5）已获得国家发明专利授权，《青钱柳本砧枝接育苗方法》（201810800565.6）和《青钱柳本砧芽接育苗方法》（201810800508.8）均已受理并公开；参与完成的“青钱柳苗木繁育技术”被认定为科技成果（成果库号：16020454）。

（4）出版著作、发表文章、专利

- Shang XL, Wu ZF, Yin ZQ, Zhang J, Liu ZJ, Fang SZ. Simultaneous determination of flavonoids and triterpenoids in *Cyclocarya paliurus* leaves using high-performance liquid chromatography[J]. African Journal of Traditional, Complementary and Alternative Medicines, 2015, 12(3): 125-134.
- Shang XL, Xu XZ, Fang SZ. Identification and quantitative analysis of germination inhibitors in the pericarp of *Cyclocar ya paliurus* (Batal.) Iljinskaja[J]. Propagation of Ornamental Plants, 2012, 12(4): 195-201.
- Deng B, Shang XL, Fang SZ, Li QQ, Fu XX, Su J. Integrated

Effects of Light Intensity and Fertilization on Growth and Flavonoid Accumulation in *Cyclocarya paliurus*[J]. Journal of Agricultural and Food Chemistry, 2012, 60: 6286−6292.

■ 尚旭岚，李琼琼，邓波，方升佐. 光照和施肥对青钱柳幼苗叶片性状与解剖结构的影响[J]. 西南林业大学学报, 2014, 34(6): 9−15.

■ 尚旭岚，徐锡增，方升佐. 综合处理措施对解除青钱柳种子休眠的影响[J]. 中南林业科技大学学报, 2014, 34(1): 42−48.

■ 尚旭岚，徐锡增，方升佐. 香草酸对青钱柳离体胚萌发过程中贮藏物质及酶活性的影响[J]. 植物资源与环境学报, 2012, 21(4): 76−81

■ 尚旭岚，徐锡增，方升佐. 青钱柳种子休眠机制[J]. 林业科学, 2011, 47(3): 68−74.

■ 尚旭岚，孙容，徐锡增，方升佐. 青钱柳种子不同部位发芽抑制物质的测定[J]. 林业科技开发, 2011, 25(5): 29−32.

5 陈章鑫

（1）联系方式

总经理，江西万年县鑫叶青钱柳苗木繁育基地
电话：13803590831。

（2）学习工作经历

1984年8月毕业于江西农业大学农学系作物栽培专业。大学毕业后第一个十年先后在万年县农科所、万年县植保植检站及农业技术推广中心工作，中间十年分别在乡镇及县扶贫办任职，后十年又回到农业局担任主管，直到退居二线，现从事青钱柳健康产业开发，把“引进珍稀植物，做成有机产品，传导健康理念，过上幸福生活”作为下半辈子的追求。

（3）在苗木培育方面的成就

为充分利用好青钱柳的药用保健资源，尽快从野生驯化为人工栽培必须要做好青钱柳苗木的培育工作。2012年江西农业大学向江西省林业厅申报了中央财政林业科技推广项目“青钱柳综合开发与利用技术推广”，陈章鑫积极引进该项目在苗圃基地实施，2016年又引进江西省林业科技推广总站在苗圃地实施了中央财政林业科技推广项目“青钱柳综合开发与利用推广示范”。两次项目落地均有青钱柳育苗技术试验示范。通过六年来参与学习与实践，积累了丰富的青钱柳育苗的理论知识和实践经验。

不断探索青钱柳育苗技术要点，近十年来，记录了大量的育苗资料，为江西省青钱柳育苗积累了丰富的工作经验，并且毫无保留地指导同行广泛开展育苗技术推广。协助配合江西省林业厅在万年县举办了两期青钱柳育苗及栽培培训班。通过积极向浙江、江西、福建等地推广青钱柳种植，与江西省铜鼓县育苗基地合作培育并先后出售合格青钱柳苗木 600余万株，为全国青钱柳的推广作出了应有的贡献（图3-5）。

2018年作为第三名起草人参与了江西省地方标准《青钱柳叶用林栽培技术规程》编制工作，同年获得江西省质量监督局批准发布。2019年申报了与青钱柳有关的专利八项，2020年7月全部被国家知识产权局批准发证。

图3-5 陈章鑫总经理在基地工作
（1.青钱柳苗圃地；2.现场培训）

参考文献

Chen X L, Mao X, Huang P, et al, 2019. Morphological Characterization of Flower Buds Development and Related Gene Expression Profiling at Bud Break Stage in Heterodichogamous *Cyclocarya paliurus*(Batal.)lljinskaja[J]. Genes, 10: 818.

Chen X L, Wang Y, Zhao H, et al, 2019. Localization and dynamic change of saponins in Cyclocarya paliurus(Batal.)Iljinskaja[J]. PLoS ONE, 14(10): e0223421.

Deng B, Shang X L, Fang S Z, et al, 2012. Integrated Effects of Light Intensity and Fertilization on Growth and Flavonoid Accumulation in *Cyclocarya paliurus*[J]. Journal of Agricultural and Food Chemistry, 60: 6286–6292.

Kurihara H, Asami S, Shibata H, et al, 2003. Hypolipemic effect of *Cyclocarya paliurus*(Batal) Iljinskaja in lipid–loaded mice[J]. Biol Pharm Bull, 26(3): 383–385.

Li X C, Fu X X, Shang X L, et al, 2017. Natural population structure and genetic differentiation for heterodicogamous plant: *Cyclocarya paliurus*(Batal.)Iljinskaja(Juglandaceae)[J]. Tree Genetics & Genomes, 13: 80.

Lin Z, Wu Z F, Jiang C H, et al, 2016. The chloroform extract of *Cyclocarya paliurus* attenuates high–fat diet induced non–alcoholic hepatic steatosis in Sprague Dawley rats[J]. Phytomedicine, 23(12): S1100192103.

Mao X, Fu X X, Huang P, et al, 2019. Heterodichogamy, Pollen Viability and Seed Set in a Population of Polyploidy *Cyclocarya paliurus*(Batal)Iljinskaja(Juglandaceae)[J]. Forests, 10(4): 347.

Shang X L, Xu X Z, Fang S Z, 2012. Identification and quantitative analysis of germination inhibitors in the pericarp of *Cyclocarya paliurus*(Batal.)Iljinskaja[J]. Propagation of Ornamental Plants, 12(4): 195–201.

Shu R G, 1995. Cyclocariosides Ⅱ and III Secondammarane Triterpenoid Saponins from *Cyclocarya paliurus*[J]. Planta Medica, 61(6): 551–553.

Tian N, Fang S Z, Yang W X, et al, 2017. Influence of Container Type and Growth Medium on Seedling Growth and Root Morphology of *Cyclocarya paliurus* during Nursery Culture[J]. Forests, 8(10): f8100387.

Wang Z J, Xie J H, Yang Y J, et al, 2017. Sulfated Cyclocarya paliurus polysaccharides markedly attenuates inflammation and oxidative damage in lipopolysaccharide–treated macrophage cells and mice[J]. Scientific reports, 7: 40402.

Xie J H, Shen M Y, Xie M Y, et al, 2012. Ultrasonic–assisted extraction, antimicrobial and antioxidant activities of *Cyclocarya paliurus*(Batal.)Iljinskaja polysaccharides[J]. Carbohydrate Polymers, 89(1): 177–184.

Xie J, Wang W, Dong C, et al, 2018. Protective effect of flavonoids from Cyclocarya paliurus leaves against carbon tetrachloride–induced acute liver injury in mice[J]. Food & Chemical

Toxicology, 119: 392–399.

Yan W S, Jing L J, Xu J F, 2020. *Cyclocarya paliurus*(Batal.) Iljinskaja polysaccharides alleviate type 2 diabetes mellitus in rats by resisting inflammatory response and oxidative stress[J]. Food Science and Technology, 40: 158–162.

Yang H M, Yin Z Q, Zhao M G, et al, 2018. Pentacyclic triterpenoids from *Cyclocarya paliurus* and their antioxidant activities in FFA–induced HepG2 steatosis cells[J]. Phytochemistry, 151: 119–127.

Zhao M G, Sheng X P, Huang Y P, et al, 2018. Triterpenic acids–enriched fraction from Cyclocarya paliurus attenuates non–alcoholic fatty liver disease via improving oxidative stress and mitochondrial dysfunction[J]. Comparative Biochemistry & Physiology Part C Toxicology & Pharmacology, 104: 229–239.

谌梦奇, 梁锦业, 焦志海, 等, 2002. 青钱柳茶调节血脂作用的临床观察[J]. 中华实用中西医杂志, 2(15): 863–865.

方升佐, 洑香香, 2007. 青钱柳资源培育与开发利用的研究进展[J]. 南京林业大学学报: 自然科学版, 31(1): 95–100.

方升佐, 尚旭岚, 洑香香, 2017. 青钱柳种子生物学研究[M]. 北京: 中国林业出版社.

方升佐, 尚旭岚, 杨万霞, 等, 2019. 青钱柳育苗技术规程(LY/T 2311–2019)[S]. 北京: 中国标准出版社.

方升佐, 杨万霞, 2003. 青钱柳的开发利用与资源培育[J]. 林业科技开发, 17(1): 49–51.

洑香香, 冯岚, 方升佐, 等, 2010. 青钱柳开花习性及雄花发育的解剖学观察[J]. 南京林业大学学报(自然科学版), 34(3): 67–71.

洑香香, 冯岚, 尚旭岚, 等, 2011. 青钱柳雌、雄花芽分化进程的形态解剖特征观察[J]. 南京林业大学学报(自然科学版), 35(6): 17–22.

韩澄, 聂少平, 黄丹菲, 等, 2009. 青钱柳多糖对人胃癌MGC_803细胞生长的影响[J]. 天然产物研究与开发, 21(06): 952–955.

洪俊溪, 1997. 青钱柳人工林材性试验研究[J]. 福建林学院学报, 17(3): 214–217.

侯小利, 刘晓霞, 王硕, 等, 2014. 青钱柳叶总黄酮对自发性高血压大鼠的影响[J]. 中药药理与临床, 30(02): 62–69.

黄贝贝, 叶丹玲, 叶剑尔, 2006. 青钱柳抗菌作用的实验研究[J]. 江西中医学院学报, 04: 48–49.

李磊, 谢明勇, 易醒, 2002. 青钱柳多糖降血糖作用研究[J]. 中药材, 01: 39–41.

李卫娟, 周丽丽, 胡小炜, 2006. 铬、锌、硒微量元素与糖尿病的三级预防[J]. 海峡预防医学杂志, 01: 22–23.

刘晓霞, 席加喜, 王硕, 等, 2012. 青钱柳叶水提物对N ω –硝基左旋精氨酸甲酯盐酸盐诱导的高血压大鼠的影响[J]. 中国实验方剂学杂志, 18(08): 174–178.

刘昕, 王顺启, 谢明勇, 等, 2007. 青钱柳多糖对人宫颈癌HeLa细胞和人脐带内皮细胞生长的影响[J]. 食品科学(10): 520–522.

上官新晨, 陈木森, 蒋艳, 等, 2010. 青钱柳多糖降血糖活性的研究[J]. 食品科技, 35(03): 82–84.

尚旭岚, 孙容, 徐锡增, 等, 2011. 青钱柳种子不同部位发芽抑制物质的测定[J]. 林业科技开发, 25(5): 29–32.

尚旭岚, 徐锡增, 方升佐, 2007. 青钱柳离体胚的培养及快速繁殖[J]. 南京林业大学学报(自然科学版), 31(1): 101–105.
尚旭岚, 徐锡增, 方升佐, 2011. 青钱柳种子休眠机制[J]. 林业科学, 47(3): 68–74.
尚旭岚, 徐锡增, 方升佐, 2014. 综合处理措施对解除青钱柳种子休眠的影响[J]. 中南林业科技大学学报, 34(1): 42–48
佘诚棋, 杨万霞, 方升佐, 等, 2009. 青钱柳天然群体种子性状表型多样性[J]. 应用生态学报, 20(10): 2351–235.
盛雪萍, 赵梦鸽, 蒋翠花, 等, 2018. 青钱柳和桑叶配伍组方的降血糖作用[J]. 中国药科大学学报, 49(4): 463–469.
王文君, 蒋艳, 吴少福, 等, 2003. 青钱柳醇提取物对糖尿病小鼠降血糖作用的研究[J]. 畜牧兽医学报, 34(6): 562–566.
王晓敏, 舒任庚, 蔡永红, 等, 2010. 青钱柳水提液对糖尿病小鼠胰岛细胞的保护作用[J]. 时珍国医国药, 21(12): 3146–3147.
吴运辉, 姚渊, 朱敏, 等, 2018. 青钱柳育苗技术研究初报[J]. 种子, 37(04): 132–134.
吴运辉, 袁丛军, 丁访军, 等, 2018. 青钱柳苗木质量分级初步研究[J]. 种子, 37(06): 124–126+131.
谢明勇, 李磊, 2001. 青钱柳化学成分和生物活性研究概况[J]. 中草药, 32(4): 365–366.
谢寅峰, 王莹, 张志敏, 等, 2009. 青钱柳子叶不定根的发生机制[J]. 林业科学, 45(12): 72–76.
杨武英, 上官新晨, 徐明生, 等, 2007. 青钱柳黄酮对 α –葡萄糖苷酶活性及小鼠血糖的影响[J]. 营养学报, 05: 507–509.
易醒, 谢明勇, 温辉梁, 等, 2001. 青钱柳对四氧嘧啶糖尿病小鼠降血糖作用的研究[J]. 天然产物研究与开发, 03: 52–54+57.
张彩珠, 潘盛武, 刘纲勇, 等, 2010. 青钱柳对家兔血液循环的影响[J]. 广西农业科学, 41(07): 723–725.
郑观涛, 殷志琦, 2019. 药用植物青钱柳的开发研究进展[J]. 世界最新医学信息文摘, 43: 123–124.
中国科学院中国植物志编辑委员会, 1979. 中国植物志(第2卷)[M]. 北京: 科学出版社: 18–19.
中国药材公司, 1994. 中国中药资源志要[M]. 北京: 科学出版社.
周永晟, 徐子恒, 袁发银, 等, 2021. 亚热带3个地点青钱柳群落特征比较[J]. 南京林业大学学报:自然科学版, 45(1): 29–35.